한 달의 홋카이도

한 달의 홋카이도

겨울 동화 같은 설국을 만나다

윤정 지음

세나북스

아름다운 설국 홋카이도에서의

축제 같은 한 달

Let's Dance

Let's Dance

2022年に大流行のキツネダンス。ファイ
ターズや皆さんを応援しようと森の動物
たちにも流行中〜 キツネさんに教わって
いるよ。みんなで踊ろう!

The "Fox dance" that became all the rage in 2022!!
It is now trending among the forest friends who
want to cheer alongside the Fighters and fans!
We ara learning from the fox! Come join us in the
fox dance!

101人の会

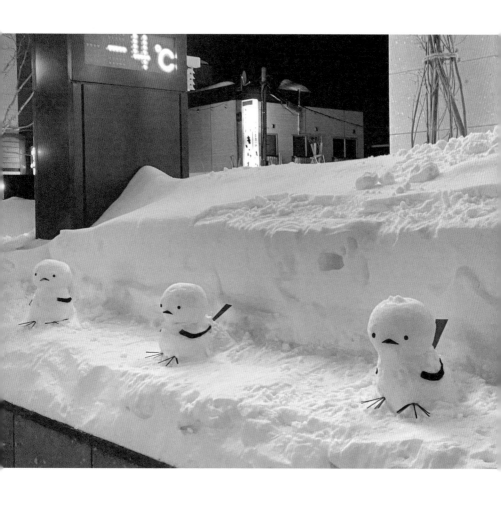

겨울 동화 같은 꿈의 공간이
현실이 되는 순간

삿포로에 가고 싶다고 줄곧 생각해 왔다. 14살부터였을 것이다.

중학교 미술 수행평가 시간에 세계의 축제 중 하나를 골라서 포스터를 만들어야 했다. 당시 조사했던 내용 중 가장 인상 깊었던 것이 삿포로의 눈축제였다. 일본어로는 '유키마츠리(雪祭り)'라고 부르는 미지의 세상에서 일어나는 겨울 축제가 어린 중학생의 마음을 사로잡았던 것이다.

거대한 눈 조각상을 짓고 있는 사람들을 포스터에 그렸다. 한 번도 가본 적 없는 삿포로는 그렇게 내게 다가왔다. 완성한 그림을 보고, 선생님으로부터 칭찬을 받고 동급생들로부터도 그림 실력에 대한 감탄 한마디씩을 들었다. 그때만 해도 반에 한 명쯤은 있는 '그림 잘 그리는 애'가 내 정체성의 전부였다. 공부도 못하지는 않았지만 그림만큼 적성에 맞는 분야가 없었다.

책 읽기나 글쓰기도 좋아했지만, 엄청난 두각을 나타내지는 못했다. 중학생 때의 내가 그린 '삿포로 눈축제 포스터'는 학교 행사 날 중앙계단에 전시되기도 했다. 자랑스럽고도 긍정적인 경험이 깊게 남았다. 그리고 겨울만 되면 눈축제가 생각이 났다. 언제나 겨울 눈축제의 환상으로 가득한 삿포로에 가고 싶었다. 그렇지만 어쩐지 그곳은 너무나 먼 장소 같았고 오랫동안 실제로 갈 수 있으리라곤 생각조차 하지 못했다.

일본에는 추억이 많다. 오사카와 교토를 여행으로 가기도 했고 도쿄에서는 교환학생으로 지냈다. 우에노 공원을 매일 걸어 다니던 기억이 아직도 선명하다. 음료수 자판기에서 매일 콜라나 사이다를 한 캔씩 마시며 두 팔을 휙휙 휘저으며 걷던 남자친구와 말이다.

워킹 홀리데이 비자로 도쿄에 있는 한인 학원에서 국어 강사를 하기도 했다. 주로 재일한국인 학생들을 대상으로 한국어를 가르치거나 대학 입시 국어 강사로 일했다. 공부할 양도 많고 쉬는 날보다 강의하는 날이 더 많아 일본의 많은 곳을 여행하지는 못했다.

지하철을 타고 출퇴근하며 사람 사이에 끼어있던 기억이 강렬하다. 컨베이어 벨트 안의 상품처럼 신주쿠 환승 통로를 기계처럼 걸어다닐 때 나의 표정은 '무(無)' 그 자체였을 것이다. 겉으로 튀고 싶지도 않았고 함부로 외국인인 신분을 들키고 싶지도 않았다. 내가 어려움에 처할 때 상냥한 사람들은 도와주겠지만 그렇지 않은 사람들은 악용하거나 못살게 굴기도 할 테니 말이다.

아이러니하게도 일본에 사는 동안 위축되어 있던 마음은 일본 소도시 여행을 통해 종종 회복될 수 있었다. 인파를 벗어난 공간은 어디든 자유롭고 여유로웠다. 도쿄 근교의 요코하마나 온천 마을 하코네에 갈 때도 긴장이 풀리듯 마음의 근육도 풀렸다.

하지만 일본에서 한국으로 귀국한 지 한참 후에 다시 떠나는 일본 여행은 달랐다. 한국 사람이라는 정체성이 일본인들에게 불편하게 다가갈까 걱정이 됐다. 바보처럼 겁도 났지만 여행 준비를 하는 내내 걱정은 점점 설렘으로 변하고 있었다.

도쿄도 오사카도 아닌, 그동안 한 번도 가보지 못한 일본의 최북단 섬인 홋카이도(북해도)에 가는 것이다. 익숙하지 않은 공간이지만 중학생 때부터 늘 꿈꿔온 탓에 어쩐지 친숙한 눈의 도시 삿포로에 말이다.

삿포로 여행에 대한 막연한 생각은 일본의 코로나 규제가 완화되며 실제로 이루어질 수 있었다. 세나북스의 최수진 대표님이 '일본 한 달 살기'를 제안해 주신 덕분에 내내 이어오던 상상이 드디어 현실이 되었다. 대학원 진학을 앞둔 겨울, 내 인생 마지막 겨울 방학이라는 거창한 타이틀을 걸고 한국 나이로 서른 살을 가장 철없게 맞이하자는 다짐으로 삿포로행 비행기표를 예매했다.

비행기표와 호텔을 예매하는 것부터가 여행의 시작이라고 생각한다. 2023년 1월 말부터 2월 말까지 약 한 달 동안 홋카이도의 중심 도시 삿포로에 살면서 두 곳의 숙소에 머물렀다.

첫 번째 숙소는 나카지마 공원 바로 맞은 편에 있는 전망이 아름다운 호텔이었고 두 번째 숙소는 삿포로 중심부인 스스키노 거리에 있는 작은 호텔이었다. 좁은 방으로 이사(?) 가자마자 나카지마 공원 맞은편의 채광 좋던 넓은 방(첫 번째 숙소)을 그리워하게 됐지만 지리적으로는 중심부인 스스키노 거리에서 삿포로역 등 이곳저곳으로 이동하기가 편했으니 후에는 그 편리함에 익숙해졌다.

책에서는 홋카이도 내 위치와 여행 스타일을 기준으로 장을 구분했다. 삿포로 시내의 돌아볼 만한 장소와 맛집 그리고 홋카이도 여러 지역의 여행기가 적혀 있다. 홋카이도를 대표하는 아름다운 설국의 풍경 비에이와 낭만적인 여행지 오타루, 개항 날로 시간이 멈춰버린 듯한 예스러운 도시 하코다테로 향하는 기차여행도 있다. 삿포로에서 멀지 않은 곳에서 즐길 수 있는 조잔케이 온천과 삿포로 국제 스키장에서의 가슴 떨리는 액티비티도 담겨 있다.

홋카이도는 미식의 섬이다. 기후와 지리적 조건으로 일본에서 가장 맛있는 음식을 맛볼 수 있다. 대표적인 음식인 수프 카레와 징기스칸(일본식 양고기 구이), 라멘과 스위츠(달콤한 과자, 양과자) 등에 푹 빠질 수 있는, 밥심으로 사는 한국인들에게는 환상적인 곳이 홋카이도이다. 덕분에 삿포로 맛집 앞에서 줄을 설 때마다 한국 사람들을 마주하는 즐겁고도 신기한(?) 경험을 하기도 했다.

책에 등장하는 두 인물이 있다. 수정이와 알렉스이다. 수정이는 내 동생으로 같이 출국해서 2주간 나카지마 공원 근처 숙소에서 함께 생활하고 여행한 후 먼저 귀국했다. 여행을 좋아하지 않는 성격에도 '삿포로 여행은 좋았고 또 오고 싶어질 것'이라는 후기를 남겨주어 다행이었다.

알렉스라는 이국적 이름의 남자는 일본 교환학생 시절 만난 남자친구로 영국에서 일본까지 큰 결심을 하고 날아와 동생이 떠난 후의 여행에 함께해 주었다.

가로등이 많지 않은 삿포로에서는 안전을 위해 동생과는 밤에 많이 돌아다니지 못했지만, 그와는 종종 삿포로의 밤거리를 산책할 수 있었다. 여행하는 동안 성실하게 일정에 따라주고 내가 작가로서 글을 쓰거나 선생님으로서 온라인 수업을 할 때마다 자리를 비워주거나 간식을 사 오는 등 최선을 다해 배려해 주던 두 사람에게 감사의 마음을 전한다.

한 달 살기를 제안해 주신 후 내내 믿고 원고를 기다려 주신 세나북스 대표님과 늘 거대한 버팀목이 되어주신 부모님께도 무한한 감사의 말씀을 드리고 싶다.

모쪼록 홋카이도를 사랑하고 삿포로 눈축제에 관심 있는 많은 분이 이 책을 재미있게 읽어주셨으면 하는 작은 바람을 적으며 글을 마친다.

2023년 여름

윤정

* 실제 홋카이도 여행 기간은 2023년 1월 24일~2월 25일로 총 32일입니다

CONTENTS

겨울 동화 같은 꿈의 공간이
현실이 되는 순간

1장 홋카이도의 중심, 삿포로에서

아이누와
홋카이도

홋카이도에서 중심 도시 삿포로를 걷다 보면, 바둑판처럼 직선으로 도로가 이어져 있는 것을 볼 수 있다. 자연스러운 굴곡보다는 뚜렷한 직선으로 도시가 구성된 이유는 삿포로가 계획도시이기 때문이다.

홋카이도 개척의 아버지라고 불리는 시마 요시타케(島 義勇)는 마루야마의 언덕에 올라 시가지 조성의 구상을 짰다고 한다. 계획도시로 정비되어 바둑판 눈금 모양으로 건물과 도로가 합리적인 배열을 하고 있어 마치 뉴욕 거리를 연상시킨다.

개항 후 한동안은 항구 도시인 하코다테가 외국과의 활발한 교류로 홋카이도의 문화적 중심지였다. 그 후 철도가 놓이고 맥주 등의 산업이 일어나며 삿포로가 홋카이도의 정치 및 경제 중심지로 성장하였고 지금은 일본 5대 도시 중 하나가 되었다. 1950년에 시작한 '삿포로 눈축제' 등으로 현재는 세계적인 관광도시가 되었다.

하지만 홋카이도 '개척'이라는 말이 시사하듯이, 이 지역은 원래 일본 영토가 아니었다. 홋카이도와 사할린, 혼슈 북부(도호쿠 지방) 등에 살던 선주민인 아이누는 일본의 주를 이루는 야마토 민족과는 다른 민족이었으며 일본어가 아닌 독자적인 아이누어를 사용하면서 부족 국가 형태로 아이누만의 문화를 지키고 있었다.

일본은 1868년 메이지 정부를 설립하며 아이누 민족을 일본에 동화시키기 위한 여러 정책을 편다. 일본 정부는 아이누어 대신 일본어를 사용하게 교육하면서 일본인과 아이누인을 철저히 차별했다.

아이누인의 문화를 열등한 것으로 보고 아이누 민족을 일본화시키면서 아이누 고유의 문화와 언어를 말살하려 했다. 19세기 말 홋카이도에 파견된 영국 선교사 존 베첼러(John Batchelor)는 일본인들의 아이누 배척 행태를 보고 아이누 민족의 인권을 존중하기 위해 사회에 호소하며 아이누 전문 병실을 만들거나 학교를 세우는 등 선구적인 역할을 하기도 했다.

아이누는 본래 아이누어로 '인간'을 뜻하는 말이다. 아이누는 주로 수렵과 어로, 목축 등에 종사해 왔는데, 1869년 홋카이도 개척사가 설치되며 홋카이도는 농경화되고 아이누의 옛 생활 방식은 완전히 파괴되었다. 1899년에는 아이누를 오랜 기간 억압한 '홋카이도 구토인 보호법'이 제정된다. 구토인이란 말은 아이누를 지칭하는 행정 용어인데 '보호'라는 명목으로 '일본인'과 구별하는 표현이었다.

근대 국가인 일본은 아이누를 미개하고 열등한 존재로 정의하고 구토인 아이누를 일본과 동화시켜 문명화할 존재로 간주했다.

홋카이도 구토인 보호법은 1977년, 즉 약 100년이 지나서야 '아이누 문화진흥법'으로 대체되었다. 오랜 기간 사회적 차별을 받아왔던 아이누는 이제는 홋카이도의 '관광 상품' 및 '소수집단'으로 취급되고 있다. 홋카이도에 살고 있는 아이누족은 약 1만 3천 명(2017년 기준)으로 추산되지만, 불이익을 피하려고 스스로 아이누임을 밝히지 않는 사람이 많다고 한다.

『어느 아이누 이야기』를 보면 일제 강점기 징용된 조선인 남자와 홋카이도의 선주민족인 아이누 여성 사이에서 태어난 오가와 류키치의 일생을 알 수 있다. 일본 내에서 이중으로 차별받았던 그가 살아온 삶은 동아시아 근현대 역사와 맞닿아 있다. 홋카이도에 관심이 있다면 읽어보기를 권한다.

과거 아이누 민족에 대해 일본 정부는 인정하지 않았고 현대에도 소극적인 반응이다. 아이누 민족에 대한 언급은 교과서에서도 제한적인 상황이다. 아이누를 단지 신기하다는 시선이나 관광적 요소로 바라보기보다는, 홋카이도 개척 과정에서 희생당한 그들의 역사를 잊지 않고 기억하는 시간을 잠시 가져본다.

상상은
현실이 된다

나카지마 공원

삿포로에 가기로 결심한 후 일주일에 한 번씩 동생을 불러 카페에 갔다. 여행에서 서로가 원하는 내용을 리스트로 만들어 오는 것이 숙제였다. 동생의 리스트는 대부분이 케이크와 타르트 같은 디저트류로 채워져 있었다. 삿포로 근교에서 독특하게 즐길 수 있는 온천과 스키는 동생과의 여행의 하이라이트였다. 아침 일찍 삿포로역에서 버스를 타고 조잔케이 온천 지역으로 가서 스키장과 온천을 하루에 끝내자는 다소 부담스러운 계획을 세우기도 했다. 이 계획은 결국 실행되지 못했고 스키장과 온천은 각각 다른 날 가게 된다.

영국에 살고 있는 남자친구 알렉스와도 전화로 매일 대화하며 여행 계획 내용을 주고받았다. 그의 가장 큰 소원은 하코다테에 가는 것이었다. 하코다테? 처음 들어본 곳이다. 삿포로 시내에서만 한 달을 보낼 생각이었던 소박한 꿈의 나는 지도를 살펴본다.

하코다테는 홋카이도의 가장 남쪽에 있는 항구 도시다. 그렇게 먼 곳까지 갈 생각은 없었는데 알렉스의 꿈을 이루기 위해 기차를 타고 굽이굽이 바닷길을 지나 과거의 일본으로 향하는 여행을 한다.

홋카이도를 여행하는 한 달 동안, 일주일에 두세 번은 본업인 한국어 강의를 한다. 여행을 하고 글을 쓰는 작가이기도 하지만, 온라인으로 외국인 학생들에게 한국어를 가르치는 선생님이기도 하다. 시차가 있어서 아침 일찍 일어나 유럽에 사는 학생들을 만나고 오후 내내 여행한 후에 늦은 저녁에는 미국 학생들과 줌(Zoom)에서 만난다. 여행의 마지막 한 주만 수업 없이 휴가를 즐기고 3주 정도는 일(수업)과 생활(일본 여행)의 균형을 맞춰 살아보기로 한다. 잘 해낼 수 있을까? 걱정도 많지만 그만큼 설렘도 가득했다.

모든 계획이 수첩과 핸드폰, 컴퓨터 문서에 저장되었다. 아날로그를 좋아하는 나는 작은 수첩에 계획을 모두 적고 호텔 주소와 이름, 전화번호를 적는다. 여행 전날 저녁에 여행 가방을 한 번 더 확인한 후 두근거리는 마음으로 눈을 감았다.

새벽 5시 알람이 울렸다.

긴 여정의 시작이다. 동생의 비행기는 나의 비행기보다 앞선 시각이었다. 각각 따로 예매한 탓에 우리는 같이 탑승할 수 없었고 동생이 아침 일찍 내 곁을 떠나 먼저 홋카이도로 갔다. 나는 공항 안 카페에서 독서하다 출국했다. 비행기가 이륙하자마자 깊은 잠에 빠졌고 착륙 안내와 함께 잠에서 깼다.

삿포로 신치토세 공항에서 동생과 재회했다. 동생의 찰랑이는 은빛 머리 탓인가 그 애의 작은 체구에도 쉽게 찾을 수 있었다. 무거운 가방을 들고 더 무거운 캐리어를 끌며 공항 안을 누비고 다녔을 동생은 나를 기다리는 동안 벌써 친구들에게 줄 선물을 다 샀다고 한다.

'초콜릿은 녹으면 어떡해?' 12일 후에 떠나는 애가 선물을 가장 먼저 샀다니 우습기도 하고 황당하기도 하여 물어보니 '안 녹는 걸로 샀어' 하고 명랑하게 말한다. 선물이 훼손되지 않고 무사히 친구들에게 전해질 수 있을지 좀 염려된다.

공항 안의 로손 편의점에서 미리 주문한 포켓 와이파이를 받아 들고 나서야 마침내 복잡한 공항을 떠날 수 있었다. 삿포로 시내로 들어가기 위해 리무진 버스를 탈까 아니면 JR 쾌속 열차를 탈까 고민하다가 열차를 타기로 했다. 북적이는 열차 안에는 우리 말고도 한국 사람

들이 꽤 많는데 그들이 한국어로 속삭이지 않아도 눈치챌 수 있었다. 바로 설경이 펼쳐진 창밖을 보고 취하는 공통적인 행동이 있었기 때문이다. 해가 뉘엿뉘엿 져가는 하늘은 분홍빛으로 물들어 있었고 삿포로에 온 모두를 환영하듯 하얗게 빛나는 눈이 온 세상 가득 쌓여 있었다. 나와 동생은 감탄을 감추지 못하고 "하늘 좀 봐, 눈 좀 봐!"를 번갈아 가며 외쳤다. 한국인 관광객들은 나를 포함해 모두 일제히 카메라 혹은 핸드폰을 들어 창밖의 절경을 담아냈다.

어떤 이는 동영상을 찍는지 꽤 오랜 시간 동안 핸드폰을 들고 있었다. 졸고 있던 앞사람이 자기 모습이 담긴 걸 알면 불편해하지 않을까?하고 혼자서 걱정하던 것이 무색하게 삿포로역에 내릴 때 그가 앞사람의 어깨를 툭툭 치며 "야, 일어나."라고 무심히 말을 건넸다. 동생과 나는 '동행이었구나!' 하고 조용히 속삭이며 놀라기도 했다.

삿포로역에 내렸을 때 몸은 거의 만신창이었다. 어깨를 짓누르는 무거운 가방과 이제는 악마로 보이는 대형 캐리어를 끌며 곳곳을 돌아다니는 것은 가장 싫은 일 중 하나였다. 여행을 싫어하거나 귀찮아하는 사람의 마음을 충분히 이해한다. 에스컬레이터나 엘리베이터가 대부분은 설치되어 있지만 어떤 경우에는 너무 돌아가야 해서 무거운 대형 캐리어를 직접 들고 계단을 내려가기도 했다.

약 16킬로의 무게가 오른팔을 자극했고 왼쪽 어깨를 노트북, 아이패드, 카메라, 책들과 화장품 등이 힘껏 내리찍고 있었다. 여행이란 왜 이리 어려운 것인지! 그저 가벼운 가방 들고 가볍고 신나게 돌아다닐 수만은 없는 것인가! 미니멀리즘이 부러워지는 순간이다.

맥시멀리즘 여행의 시작과 끝은 무거운 짐과의 사투가 대부분이다. 그러나 힘들었다는 사실을 망각하고 또다시 시작하게 되는 것은 여행이 주는 매력에 사로잡혀 있는 탓이다.

나카지마코엔 역에 내려서 눈 덮인 길을 조금 걷다 보니 우리가 숙박할 '프리미어 호텔'이 보였다. 외관부터 로비까지 인테리어가 고급스럽다. 양복을 입은 호텔 직원이 반갑게 인사한다. 체크인 절차를 마치고 영수증을 주머니 안에 구겨 넣는다. 검은 양복의 젊은 직원은 우리의 짐가방을 받아 고급스러운 수하물 카트에 올려놓고는 엘리베이터에 같이 올라탄다. 그는 호텔 객실의 방문을 열어주고 꾸벅 인사를 한 후 돌아섰다.

호텔 직원이 객실까지 안내해 주는 서비스를 받은 것은 처음이었다. 영국에서 런던에 갈 때마다 호텔을 자주 예약해서 익숙해져 있다고 생각했는데 아니었나 보다. 팁이라도 줘야 하는 건 아닌가 하고 어쩔 줄 모르는 마음을 겨우 숨겨야 했다.

고풍스러운 분위기의 호텔 외관과 1층의 인테리어에 반해 객실은 평범했다. 침대 두 개가 나란히 놓여 있고 테이블이 기다랗게 벽에 붙어 있었다. 크지도 작지도 않은 방이었지만 커다란 창밖으로 보이는 나카지마 공원의 풍경과 공원을 둘러싼 고층 건물들의 야경이 반짝여 무척 아름다웠다. 침대에 대자로 누워 피곤함을 달래며 도란도란 다음 날 일정에 관해 이야기하다 잠이 들었다.

동생과의 열두 날의 삿포로 여행은 약간의 건조함과 조금의 오타쿠스러움이 함유되어 있다. 아침이 밝아오면 새로운 모험이 시작될

것이다. 창밖으로 보이는 눈 쌓인 공원 풍경이 다음날 햇빛 아래 얼마

나 아름답게 반짝일지 기대되었다.

나카지마 공원 中島公園

삿포로역에서 남쪽으로 걷다 보면 도착하는 넓고 푸른 휴식 공간. 아름다운 자연과 음

악 홀 등 홋카이도 문화를 즐길 수 있는 멋진 장소다. 삿포로역에서 도보로 20분 정도

걸린다. 지하철을 타고 나카지마 공원 역에 내리면 공원 내부에도 출구가 있어 편리하

게 이동할 수 있다. 여름에는 푸른색의 나무와 넓은 연못으로 산책하기 좋은 장소지만

겨울에는 눈이 잔뜩 쌓여 있으니 미끄러지지 않게 조심하자.

주소 1 Nakajimakoen, Chuo Ward, Sapporo, Hokkaido 064-0931

어떤 음악은 눈 속에서
더 아름답다

삿포로 시계탑 / 카페 로크포르 / 수프 카레 전문점 가라쿠

동생은 음악을 좋아한다. 나는 음악에는 큰 관심이 없다. 동생이 좋아하는 음악은 록과 재즈, 헤비메탈이다. 내가 좋아하는 음악은 록보다는 재즈, 재즈보다는 잔잔한 기타 음악이다. 이렇듯 음악 취향은 다르지만 어여쁜 꽃에서 풍기는 향기가 누구에게나 향긋하듯 좋은 음악은 나와 동생 모두를 사로잡는다. 아름다운 공간에서 흐르는 재즈 음악을 아주 우연히, 눈길을 걷다가 만나게 되는 순간을 우리는 기다려 왔던 사람처럼 기뻐했다.

여행의 시작을 알리는 해가 반짝 빛났다.

아침 일찍, 편의점에 다녀오려고 무장을 했다. 호텔 문을 나선 순간 시야가 온통 눈으로 뒤덮였다. 눈보라가 휘몰아치고 있었다. '이게 바로 삿포로인가?' 순식간에 겨울 삿포로가 위험하다고 이야기하던 친구들이 생각났다.

도로는 미끄럽고 위험하고, 기온은 영하로 떨어져 매우 춥고 바람도 세차게 분다. 무엇보다 눈이 내릴 때면, 아니 눈바람이 불 때면 앞을 제대로 보고 걸을 수도 없다. 처음에는 신기하고 재밌기도 하고 좋아서 사진도 찍고 동영상도 찍으며 한 걸음씩 걸어갔다. 그러나 신호등을 만났을 때 '아차' 했다. 거리가 온통 하얀 눈밭이라, 뭐가 인도이고 뭐가 차도인지 구분이 안 간다. 차들은 어떻게 멀쩡하게 미끄럼 없이 돌아다니는지 감탄스러웠다.

눈이 가득 휘몰아치니 위기 상황처럼 느껴졌지만, 삿포로의 평범한 일상이란 이런 걸까 싶기도 했다. (나중에 알고 보니 유독 날씨가 나쁜 날이었다) 눈을 뚫고 겨우 5분 거리에 있는 편의점에 도착했을 때는 눈사람이 되어 있었다. 문 앞에서 눈을 툭툭 털어내고 편의점에 들어가서 주변을 둘러보았다.

순간 가슴이 쿵쿵 뛰는 게 느껴졌다. 모든 게 그대로다. 일본에 교환학생으로 왔던 것이 2017년, 봄이었다. 당시 좋아하던 멜론 빵도 그대로, 사랑하던 딸기 맛 시리얼도 쉽게 찾을 수 있었다.

가난한 유학생이었던 나는 보통 아침 식사로 먹는 시리얼로 세 끼를 모두 먹곤 했다. 남자친구이기 이전의 친구 사이였던 알렉스는 당시에도 걱정이 많았는데 '시리얼로 끼니를 때우는 건 충분하지 않아.

영양가 있는 식사를 해야지' 하고 속도 모르고 잔소리를 했다. 하지만 다행히 늘 먹어도 맛있었고 전혀 질리지 않았다.

추억의 시리얼을 골라 들고 나니 우유가 필요했다. 우유를 집고 나니 숟가락과 접시도 필요했다. 모두 골라 장바구니에 넣고 편의점 안을 자유롭게 누볐다.

동생은 나와는 다르게 디저트를 좋아하는 사람이다. 달달한 케이크와 푸딩, 크림이 잔뜩 들어간 작고 귀여운 모양의 스위츠를 맛있다고 잘도 먹는다. 런던에서 일주일간 같이 생활할 때도 그 애는 슈퍼마켓에서 크렘 브륄레, 에그 타르트, 초콜릿, 딸기 케이크 등을 내내 사먹어서 나를 놀라게 했다. 한 입만 먹어도 단 기운이 입안 가득 퍼져와 행복감을 주고 두 입에는 익숙한 만족스러움이 맴돌고 세 입쯤 들어가면 이제 그만 먹고 싶어지는 게 디저트의 정석이라 생각했는데 그 애는 한 번도 디저트를 남긴 적이 없었다.

런던의 슈퍼마켓에서 파는 크렘 브륄레는 맛이 없다며 불평하기에 남기려나 했더니만 잠깐 한눈 판 사이에 그릇을 싹싹 비워 놓았기에 또 한 번 놀랐다. 달달한 맛에는 쉽게 물려 금방 포기하고 스푼을 놓는 나와는 한참 다르다.

동생을 생각해서 스위츠 코너를 살피며 서성거렸다. 케이크를 살까, 푸딩을 살까 고민하다 취향을 몰라 결국 멜론빵만 두 개 사기로 했다. 거센 눈발을 뚫고 호텔로 돌아왔다. 동생은 거의 외출 준비를 마친 상태였다. 전리품처럼 가져온 시리얼과 멜론빵 등을 보여주니 눈을 반짝이는 동생을 보고 어미 새처럼 기쁜 마음이 들었다.

"언니, 멜론빵 지금 먹어도 돼?"

"지금 먹게?"

"이거 아침밥으로 사 온 거라며?"

"지금 아침 아니야. 시계를 봐. 11시 30분이야. 거의 점심이지. 우리 이제 점심 먹으러 가야 해."

"그러네."

"내일 아침 먹으려고 사 온 거야."

"그렇구나!" (하고는 바보 같은 웃음을 짓는다)

하루 전 밤, 자기 전에 영상 하나를 보았다. 잔잔한 음악과 함께 삿포로의 풍경을 라이브 카메라로 보여주는 유튜브 비디오였다. 남자친구의 부모님이 발견한 영상으로 "언젠가 기회가 되면 카메라 밑에서 인사를 해줘."라고 장난식으로 언급한 것이다. 영상에 비치는 장소에 있는 라멘집은 숙소와 15분 거리로 멀지 않았다. 동생에게 대뜸 '점심은 이 라멘집 어때?'하고 제안하니 좋다고 한다. 즉흥적인 우리는 바로 출발하기로 했다.

계획은 단순했다. 점심으로 라멘을 먹고 삿포로의 유명 관광지 중 하나인 시계탑에 가는 것이다. TV(테레비) 타워나 오도리 공원은 그 근처에 있으니 가는 길에 볼 수 있으면 좋고. 그리고 어느 곳이든 상관없으니 카페에 가서 디저트를 먹은 후 저녁은 수프 카레를 먹기로 했다.

유명한 맛집이라는 곳을 찾아두긴 했으나 별다른 기대는 없었고 어떤 풍경일지 상상도 하지 못했다. 밤에 야경을 보는 것 또한 '가능하다면 해 보자' 수준의 계획이었다. 과연 우리는 이 모든 것들을 실행할 수 있었을까?

먼저 영상에 나오는 골목에는 별 탈 없이 도착할 수 있었으나 라멘집은 '설비 고장으로 휴무'였기에 실망스러웠다. 포기하고 돌아가려던 찰나, 동생과 함께 카메라가 있을 법한 방향으로 팔만 몇 번 흔들어 주었다. 라이브이긴 하지만 돌려 볼 수 있다면 확인할 수 있을 테니 말이다. 그날 저녁 남자친구에게 이야기했더니, 그와 그의 부모님이 다 같이 영상을 돌려본 모양이다. 어머니가 유독 기뻐하셨다고 한다. 심지어는 팔을 흔드는 우리 모습을 보고 행복하게 웃으시며 컴퓨터 화면을 향해 함께 손을 흔드셨다고도 하니 그 모습이 상상이 돼 귀엽고 사랑스러워 절로 웃음이 났다. (영국인인 그의 가족과의 일화는 책 『영국 일기』에서 더욱 자세히 만나볼 수 있다)

라멘 가게 키라이토

점심을 뭘 먹지 하며 찾아 헤매던 우리는 상점가 안에 있는 한 라멘 가게를 발견했다. 현지인들이 줄 서는 곳은 믿을 만한 맛집이라는 공식이 있다. 일본인 할아버지와 할머니, 일본인 중년 남성 두 명이 나란히 서서 입장을 기다리고 있었다. 확인을 위해 구글 지도를 켜서 라멘 가게의 평점을 보았다. 4점 이상으로 만족도가 높은 식당 같았고 동생과 나는 고개를 끄덕인 후 줄에 합류했다.

오래 기다린 후에야 내부로 들어갈 수 있었다. 자리에 앉아 미소라멘을 각각 주문했다. 삿포로의 대표 라멘은 '미소라멘'이다. 미소(된장) 베이스니만큼 조금 짰지만 꼬들한 면발에 수북한 파 토핑이 만족스러웠다.

라멘 가게의 이름은 '키라이토'였다. 할머니가 자리를 안내해 주고 주문받고 음식을 가져다주는 등 모든 서빙 일을 맡아서 하고 주방 안에는 할아버지가 요리를 하고 있었다. 일본에는 이런 풍경이 흔하다. 친절한 할머니는 계산할 때 우리에게 사탕을 나눠 주며 '다음에도 방문하길 기다리고 있을게요'라고 산뜻하게 말했다.

일본의 서비스 정신은 정말 아름답다. 서비스를 받는 사람의 입장에서 보면 우선 그렇다. 서비스를 하는 사람의 입장은 어떨까? 고개 숙여 완전히 낮은 자세의 을이 되는 것도 아니라고 생각한다. 공손함과 상냥함은 단단한 정신에서 나온다. 객의 방문을 환영하고 직업에

자부심을 느끼는 모습이 보여 덩달아 기분이 좋아진다. 일본에는 상냥한 사람들이 많아 길을 잃어도 안심이 된다.

삿포로 시계탑

시계탑 방문이 가장 중요하고 유일한 일정이었다. 여행 서적마다 쓰여 있던 장소였기에 시계탑에만 가면 그래도 홋카이도, 삿포로에 와서 해야 하는 것 하나는 달성하는 기분이 들 것 같았다.

그러나 상점가를 빠져나올 무렵 '애니메이트'라는 만화와 애니메이션 관련 가게를 보고야 만다. 순간, 만화 오타쿠(덕후)인 동생의 눈이 반짝였다. 도쿄 이케부쿠로에 살던 시절, 혼자 애니메이트에 간 적이 있다. 다양한 종류의 만화와 애니메이션 굿즈들이 진열되어 있었다. 지브리 애니메이션의 〈마녀 배달부 키키〉를 좋아하는 남자친구가 생각나 검은 고양이 '지지'가 그려진 작은 키링을 사서 선물해 주기도 했다.

가게에 들어가자마자 동생은 '와아!' 하고 탄성을 내질렀다. 바로 〈하이큐!!〉라는 배구 만화 이미지를 발견한 것이다. 그때까지만 해도 나는 동생이 얼마나 만화를 좋아하는지 잘 알지 못했던 것 같다. 작은 열쇠고리부터 인형까지 여러 종류의 상품들이 있었다. 동생은 행복해 보였다. 나는 멀찍이 서서 자유롭게 구경하게 내버려 두었다. 동생은 물건을 들었다 놨다를 반복했다. 시간이 조금 흐르고 시계탑 입장 시간이 5시까지라는 사실을 깨닫고 동생을 독촉하기 시작했다.

"우리 시계탑 못 가겠다, 이러다."

"학교 친구가 나보다 오타쿠인데 그 애한테 선물해 주려고 뭐 살지 물어보고 있는데 답장을 안 하네. 어떡하지?"

"여기는 다음에도 올 수 있잖아. 내일 다시 와서 쇼핑해."

"그럴까? 그래야겠다."

시계탑에 도착했을 때의 시간은 정확히 기억난다. 시계 종이 데엥-데엥- 세 번 울렸다. 눈이 수북하게 쌓인 지붕 아래, 옅은 초록색에 목조로 지어진 낡은 건물에 들어갔다.

1층은 전시실로 시계탑의 역사를 소개하고 있었다. 삿포로 시계탑의 정식 명칭은 '구 삿포로 농학교 연무장'으로 기존 농무 학교의 건축물을 중요 문화재로 등록해 보존한 것이다. 2층에는 삿포로 농학교의 학위 수여 축하회 때의 강당 풍경을 재현해 두었다. 길게 뻗은 나무 의자가 마치 교회나 성당처럼 보이기도 했다.

'소년이여, 야망을 가져라 (Boys, be ambitious)'라는 말을 남겼던 클라크 박사는 삿포로 도시 발전에 크게 이바지했다. 1878년 10월에 클라크 박사의 구상으로 삿포로 농학교 연무장이 건설되었고 3년 후 미국 하워드 사의 시계를 달아 지금과 같은 모양이 된 것이다. 1903년 삿포로 농학교가 이전하고 시계탑은 삿포로시의 소유가 되어 이후 '삿포로시 시계탑'으로 불리며 내내 문화재 및 관광 명소로 사랑받고 있다.

계단을 지나 2층으로 올라가 클라크 동상이 있는 벤치에서 휴식을 취했다. 오래 걷다가 의자에 앉으니 쌓였던 피로가 몰려오는 듯했다. 동생에게 슬슬 카페로 이동할까 물어본다. 동생은 핸드폰 배터리가 없는 나 대신 책임감을 가지고 구글 지도를 열고는 카페를 찾아보았다. '여기 어때'하고는 보여준 곳이 하나 있었다. 시계탑에서 걸어서 5분 정도니 멀지 않은 곳이었다. 사람들의 리뷰를 읽어 본다. 카페의 분위기가 좋아 보였고 케이크도 맛있는 듯했다. 결정된 순간 바로 일어나 자리를 떴다.

카페 로크포르

길을 헤맬 뻔했다. 누가 봐도 회사 건물처럼 보이는 빌딩 안에 카페가 꼭꼭 숨어 있었던 것이다. 자동문을 지나 계단을 올라 2층에 있던 카페는 이후 동생의 최애(가장 사랑하는) 카페가 된다. 다음 날 내가 온라인 과외 수업을 할 때 저녁 내내 동생은 이 카페에서 책을 읽었다.

'로크포르 카페(Roquefort Cafe)'의 문을 열자 따뜻한 공기와 함께 향긋한 커피 향이 풍겼다. 카페에는 차분하고 고풍스러운 재즈 음악이 흘러나오고 있었다. '분위기 좋은데!' 동생과 소곤거리며 두리번거리다가 창가 자리에 앉았다.

사장님은 흰 머리에 키가 크고 마른 체형의 멋진 스타일을 한 나이

지긋한 분이었다. 리뷰에서는 그를 '마스터'라고 부르는 걸 보았기에 나도 마스터라고 칭해본다. 마스터는 우리가 앉자 자리로 조용히 다가와 메뉴판을 건네주었다. 창밖에는 눈 쌓인 삿포로 거리가 보였다. 바 안쪽으로는 시디 앨범과 귀여운 커피잔이 나란히 장식되어 있었다.

메뉴판을 보니 커피 종류가 많았다. 해외에서 메뉴가 많을 때 잘 모르겠으면 항상 첫 번째를 고른다. 프렌치 커피와 함께 블루베리 치즈 케이크도 세트로 주문했다. 카페의 이름인 '로크포르'는 프랑스산 블루치즈의 한 종류이다. 간판으로 치즈를 둘 만큼 치즈 케이크에 자신이 있는 모양이다. 동생은 일본어로 대화는 가능하지만 글자는 잘 못 읽기에 메뉴판에 뭐가 있는지 잘 모른다.

가끔은 동생이 묻기 전까지 그 사실을 잊어버리고 "뭐 먹을 거야?"

눈치 없게 물어보면 그제야 동생은 "뭐가 있는 거야?"하고 되묻는다. 아차차, 사과하고 "카페 오레, 카푸치노, 캐러멜 오레…" 등 가타카나로 쓰인 일본어를 하나하나 읽어준다. 동생은 내가 읽어준 내용을 잘 기억했다가 그 중 캐러멜 오레를 선택했다. 그리고 마스터를 불렀다.

영국에서 오래 생활하며 직원을 소리 내어 부르지 않는 태도를 몸에 익힌 나는 일본에서도 '스미마셍'이나 '오네가이시마스' 등 직원을 호출하는 자연스러운 말을 잘하기가 어려웠다. 다행히 일본의 직원들은 메뉴판을 보다가 고개만 들어도 바로 눈을 마주치고 이쪽으로 빠른 걸음으로 와 주고는 한다. 고마운 일이다.

마스터는 친절한 웃음으로 응대해 주었다. 시간이 지나 손님들이 카페의 자리를 조금씩 채워갈 무렵, 한 중년의 부부로 보이는 남녀가 카페에 있는 바에 앉아서 마스터와 친구처럼 이야기를 나누기 시작했다. 문득 인천에 있는 대학교에 다닐 때가 생각났다. 5년 전쯤인가 나에게도 단골 카페 겸 바가 있었다. 학교 수업이 끝나 시간이 나거나 도서관에서 공부를 끝내고 귀가하기 직전에 들러 바에 앉아 사장님과 이야기를 나눴다.

친절하신 사장님과 편하게 대화를 주고받으며 마음이 편해지

던 때가 있었다. 바에 앉아 이야기 나누거나, 조용히 책을 있을 수 있는 차분한 공간이었다. 차갑고 쉽게 고단해지는 현대 사회에서 한 공간이라도 마음 편하게 쉴 수 있는 곳을 찾는다면 다행이라고 생각한다. 때론 서점이나 도서관이, 카페나 바가, 아니면 푸른 공원이 내겐 그런 장소다.

작고 예쁜 카페 안에 마음을 설레게 하는 재즈 음악이 흘러나온다. 그 순간을 소중히 간직하고 싶었다. 커피와 블루베리 치즈 케이크가 나왔고 이어 동생의 캐러멜 오레도 등장했다. 동생과 나는 온 힘을 다해 집중해서 사진을 찍는다. 가장 마음에 드는 한 장이 나올 때까지 마치 영화를 제작하는 감독처럼 정성을 다한다.

만족스러운 사진이 나온 나는 먼저 의자에 허리를 기댄다. 동생도 제 맘껏 커피잔과 케이크 그릇의 위치를 바꾸어 본다. 새로운 위치의 조합이 마음에 든 나는 다시 허리를 떼고 카메라를 든다. 그렇게 셔터를 두어 번 더 누르고는 그제야 커피잔을 들고 커피를 한 모금 마신다. 다행히 아직 식지 않아 따뜻하다.

블루베리 치즈 케이크도 한 입 먹어본다. 그리고는 동그래지는 나와 동생의 눈동자. '이거 뭐야? 너무 맛있어!'를 몇 번 외치고 다시 한 입 찍어 입에 넣는다. 달달한 치즈와 상큼한 블루베리의 조화가 아름답다. 맛이 팡 터지는 그런 케이크다. 분위기만으로도 합격인데, 케이크까지 맛있다고? 여긴 또 오고 싶다. 동생은 '언니 내일 수업할 때 나 혼자 여기 다시 와야겠다'라고 말한다. '좋은 생각이다'하고 손뼉을 친다. 너무 소중하게 느껴지는 장소라 SNS에도 올리지 않았다. 다음에 남자친구가 삿포로에 올 때 데려가고 싶었다.

때로 너무 소중한 공간은 많은 사람에게는 알리고 싶지 않다. 한 번은 좋아하는 다이어리를 인터넷에 추천하는 글을 올린 적이 있다. 물론 내 영향은 전혀 아니었겠지만 우연히도 그 이후 다이어리가 품절되어 결국 구매 취소를 해야 했다. 많은 것을 공유하고 온라인에 다양한 정보들을 노출하게 되는 SNS 과몰입 이용자로서, 몰래 좋아하고 향유하는 것들이 소중해진다.

실제로 동생과는 그런 약속을 했다. 삿포로에 함께 있는 동안 '인스타그램 스토리에 사진을 올릴 때는 그 장소를 벗어난 후에만 올리기'라는 약속이다. 동생은 세 번 정도 약속을 깜빡 잊고 지키지 못했다. 인스타그램 스토리라는 것이 성격상 '생중계' 적인 면을 가지고 있다. 늘 하던 습관대로라면 방금 맛있는 것을 먹고 바로 사진을 찍고 그

자리에서 온라인에 공개해 버리는 일이 자연스럽다. 하지만 익숙한 공간이 아닌 만큼, 또한 다양한 사람들이 여행하는 곳인 만큼 일본 삿포로에서만큼은 조심하고 싶었다.

수프 카레 전문점 가라쿠

카페에는 더 오래 머물고 싶었지만 그럴 수 없었다. 밖은 점점 어두워지고 시곗바늘은 5시를 향해가고 있었다. 동생과 저녁 메뉴로 수프 카레를 먹기로 정해 놓은 상태였다. 식당은 '가라쿠'라고 하는 삿포로에서 수프 카레로 인기 있는 가게였다. 식당의 브레이크 타임(휴식 시간)이 끝나는 시간이 5시였다. 후기에는 줄이 길다고 경고하기에 미리 가서 기다릴까도 했지만 5시에 정확하게 맞춰 가기로 했다. 카페가 너무 좋았던 탓이다. 어렵게 무거운 몸을 일으켜 흰 눈을 헤치며 걸었다. 카페와 식당의 거리는 무척 가까웠다. 가라쿠는 이미 인파로 북적이고 있었다.

식당 간판 앞으로 검은 패딩을 입은 사람이 여섯 명 정도 보였다. '이 정도는 뭐, 기다릴 만하지!' 하고는 줄에 합류했다. 하지만 자세히 보니 식당은 지하 1층이었고 지하로 가는 계단에도 줄이 길게 늘어져 있었다. 불평하는 소리가 뒤에서도 앞에서도 들렸다. 모두 한국인이었다. "사람 진짜 많네." "그냥 딴 데 가자."라며 가버리는 사람도 있었고 꿋꿋이 기다리는 나와 같은 사람도 있었다. 우리는 번호표를 뽑고는 묵묵히 기다려 보기로 했다. 5시부터 약 한 시간가량을 기다렸다.

평소 줄을 서서 먹는 소위 맛집이란 곳을 잘 가지 않는다. 인내심이 부족하고 시간이 아깝다는 생각도 들고 그만큼 시간과 정성을 들였을 때의 보상이 크지 않으면 실망하게 되기 때문이다. 식당의 인기와 맛이 언제나 비례하는 것도 아니다.

마침내 입장하여 먹게 된 첫 삿포로 수프 카레의 맛은 따뜻하고 좋았다. 예상한 맛 그대로였지만 추운 날 고생하며 1시간 정도를 기다려야 할 맛이었는지는 잘 모르겠다.

카레 집을 포함해 삿포로에는 한국 사람들이 정말 많았다. 때로는 한국 거리 한복판에 있는 것 같은 기분도 들었다. 한국 사람들이 여행객으로 우르르 몰려 있는 곳도 있는가 하면, 한 명이나 두 명 소수로 있는 경우도 있었다. 20대 남자 여행객들 네다섯 명이 함께 다니는 모습도 봤고 커플도 상당히 많았다. 한국말이 들릴 때면 반갑기도 하지만 아쉬울 때도 있었다. 일본에 여행 와서 일본다움을 더욱 느끼고 싶은데 일본 사람들보다 한국 사람들 목소리를 더 많이 들으니 말이다.

카레 집을 나와 호텔로 돌아오는 길, 흰 눈이 소복이 쌓여있는 길이 운치 있었다. 침대에 누워 다음 날 일정에 관한 이야기를 나눴다. 목요일과 토요일은 온라인으로 진행하는 한국어 수업이 있는 날이다. 보통은 아침 10시부터 12시까지 수업하고 잠시 쉬었다가 저녁 6시부터 9시까지 또 수업을 한다. 바쁜 일정이지만 오후 동안은 외출 할 수 있다.

동생은 언니 없이 혼자 다닐 생각에 걱정도 되고 기대도 되는 모양이다. '오늘 갔던 카페 진짜 또 가야지. 책 가져가서 읽고 올래.' 하며 밝은 표정을 짓는다. '놀기만 해도 돼서 부럽다.'라고 장난스럽게 말하고는 불을 끈다. 금세 잠이 든다.

키라이토
喜来登

진한 국물의 미소라멘 위 수북한 파 토핑이 특징인 라멘집이다. 타누키코지 상점가 안에 있어 눈이 와도 대기하기 좋다. 단란한 전통 주점 같은 분위기에 벽면 가득 유명 연예인들의 사인이 가득하다. 꼬들꼬들한 면발과 짭조름한 라멘을 좋아한다면 추천.

주소 Hokkaido, Sapporo, Chuo Ward, Minami 2 Jonishi, 6 Chome-3-2 岡田ビル 영업시간 11:40~21:00 정기 휴무일 목요일 전화번호 011-242-6070

삿포로 시 시계탑
札幌市時計台

삿포로의 중심인 오도리 공원에서 도보 5분 거리에 위치한 일본의 중요문화재이다. 1878년에 건축된 (구) 삿포로 농학교 연무장으로 현재는 삿포로와 삿포로 농학교의 역사와 시계탑의 보존 및 수리에 대한 모형을 전시하는 박물관과 갤러리로 이용하고 있다.

주소 2 Chome Kita 1 Jonishi, Chuo Ward, Sapporo, Hokkaido 060-0001 입장시간 08:45~17:10 휴관일 월요일 입장료 200 엔

로크포르 카페
Roquefort Cafe

재즈 음악이 흐르는 분위기 만점 카페다. 테이블 자리와 바리스타와 이야기 나눌 수 있는 바 자리가 있다. 건물 2층에 있어 눈에 잘 띄지 않지만 감성적인 인테리어와 훌륭한 커피 맛으로 현지인에게 인기가 많다. 주요 디저트 메뉴는 블루베리 치즈케이크.

주소 Hokkaido, Sapporo, Chuo Ward, Kita 1 Jonishi, 3 Chome, 古久根ビル 2F 영업시간 10:00~22:00

붉은 여우의
환영 인사를 받으며

훗카이도 대학 박물관

　반짝이는 아침 햇살에 금방 눈이 뜨였다. 일어나 준비하고 책상에 놓인 노트북을 점검한 후 자리에 앉았다. 평소와는 다른 공간에서 수업을 하니 긴장이 되어 한 시간 전부터 수업 준비를 했다. 동생은 옆에서 귀에 이어폰을 꽂고 음악을 듣는 듯하다.

　10시가 되고 학생을 만난다. 온라인 화상회의 '줌'에서 말이다. "안녕하세요" 가벼운 인사로 시작한 학생과의 수업은 무사히 끝났고 금방 자유시간이 되었다.

　이날의 주요 일정은 단 하나 '훗카이도 대학'을 방문하는 일이었다. 짧은 외출 후에는 다시 호텔로 돌아와 저녁 수업 준비를 해야 하기에 서둘러야 했다. 하지만 대학을 찾아가는 길마다 아름답고 소복하게 쌓인 눈을 보며 사진을 찍고 알록달록 자판기에 도톰히 쌓인 눈을 보면서 감탄하며 걷다 보니 시간은 조금 지체되었다.

나카지마 공원을 가로지르며 걷던 순간, 붉은빛 여우가 등장하여 심장이 쿵쿵거렸다. 여우는 우리의 아주 가까이 왔다가 작은 개울가 위의 다리를 지나더니 멈춰 섰다.

야생 여우를 본 것은 처음이었다. 복슬복슬한 털에 신비로운 분위기를 가진 여우는 우리와 시선을 마주치고는 다리 위에서 가만히 있었다. 금방이라도 사람으로 변신할 듯한 묘한 분위기를 풍기고 있었다. 가까이 다가가려고 하자, 길고양이처럼 경계하더니 눈 속에 폭 폭 발자국을 남기고는 떠났다. 이후로도 종종 나카지마 공원의 다리 위를 지날 때면 여우를 찾아 기웃거리는 습관이 생겼다.

홋카이도 대학 안에서는 '클라크 동상'을 발견하는 것이 또 하나의 주된 목표였다. 대학 박물관에도 꼭 입장하고 싶었다. 박물관 건물을 찾는 것은 어렵지 않았지만 동생이 배고픔을 호소했다.

"박물관 꼭 가야 해?"

"홋카이도 대학까지 왔는데 박물관 안 가면 조금 이상하지 않나?"

"배고파서 너무 힘든데."

"그럼 옆에 학생 식당이 있는데 거기에서 밥부터 먹을래? 그리고 나서 박물관 가자. 홋카이도 대학 학식도 맛있다고 소문났던데. 여행 책에서 봤어."

"진짜? 그럼 가자!"

"그래!"

동생을 달래 학생 식당에 들어갔다. 식판 위에 주문한 메뉴를 받아 오고 결제한 후 자리에 앉는 시스템이었다. 나는 '가라아게동'을, 동생은 '멘치카츠 카레'를 먹었다. 과장을 조금 보태자면 삿포로에서 그동안 먹은 음식 중 가장 맛있었다. 맛있다고 소문난 가라쿠의 수프 카레보다 홋카이도 대학의 학식이 더 좋았던 것은 왜일까? 자상하게 음식을 담아주시던 여자 직원분들의 푸근한 분위기도 기억에 오래 남는다.

식사를 마치고 박물관에 입장해서 내부를 둘러보았다. 홋카이도의 역사와 대학의 학과별로 공부하는 내용을 전시해 두고 있었다. 천천히 구경하다가 1층으로 돌아왔다. 카페를 발견해서 아이스크림과 커피를 주문해 앉아서 먹었다. 박물관 안의 직원들은 무척 상냥했다. 조심스럽게 아이스크림을 내 손에 건네며 내내 웃음을 보여주었다. 홋카이도 대학에 대한 좋은 인상이 생겨났다. 카페에는 대학생들이 두꺼운 책을 가지고 모여 앉아 공부를 하거나 이야기를 나누고 있었다. 옛 생각이 나서 그립기도 하고 이웃 나라 학생들의 뜨거운 학구열을 보며 대견하다는 생각도 들었다.

창밖은 여전히 눈이 세상의 반을 덮고 있었다. 동생과 나는 잠시 헤어지기로 한다. 나는 호텔로 돌아가 온라인 수업을 이어가고 동생은 동생만의 여정을 떠난 후에 숙소로 돌아올 것이다. 응원과 걱정을 동시에 하며 우리는 작별 인사를 했다.

이른 저녁, 호텔 방에 홀로 앉아 노트북을 열었다. 학생들과의 수업을 연달아 세 번 하고 나니 어느새 저녁 9시가 되어 있었고 창밖은 깜깜했다. 해가 지고 나니 어두운 세상에 건물 불빛만이 반짝인다.

도시의 야경은 대부분 비슷비슷한 모양을 하고 있다. 동생이 돌아와 여행의 후기를 들려준다. 재잘대는 목소리를 들으며 또 하나의 밤이 지나가는 것을 아쉬워한다.

햇빛이 감싸오는
북쪽 별의 맥주

샌드위치 가게 사에라 / 삿포로 맥주 박물관 / 파르코 백화점

삿포로 시내를 이곳저곳 돌아다닐 포부를 가지고 동생과 기분 좋게 호텔을 나섰다. 문이 열리자 매서운 추위가 얼굴을 감싼다. 패딩 대신 걸친 코트가 부실하게나마 몸을 따뜻하게 감쌌다.

호텔이 있는 나카지마 공원 쪽에서 일직선으로 쭉 올라가면 스스키노 거리, 오도리 공원, 삿포로역이 순서대로 나온다. 스스키노 거리는 쇼핑이나 상점가로 유명하다. 하지만 유흥가 분위기가 강한 탓에 많이 방문하지는 않았다.

오도리 공원에는 삿포로 TV타워와 시계탑 등이 있다. 2월 초에 열릴 눈축제도 오도리 공원에서 열린다. 이미 공원 안에는 하얗고 커다란 정사각형 눈 조각들이 아름답게 변할 준비를 하고 있었다. 하루하루 조금씩 깎이는 변화를 보는 것도 소소한 재미였다.

JR 지하철을 탈 때, 즉 공항에서 삿포로 시내로 들어올 때나 오타루

로 이동할 때는 삿포로역을 거쳐야 한다. 삿포로역에는 JR타워가 있다. 우리는 삿포로 맥주 박물관을 최종 목적지로 정하고 걷기 시작했다. 맥주 박물관에 가는 다양한 방법 중 하나인 지하철을 타려면 오도리 공원을 들러야 했다. 동생은 오도리 공원 쪽에 있는 샌드위치 가게 '사에라'에서 점심을 먹자고 했다.

샌드위치 가게 사에라

삿포로에서 아직 만족스러운 식사를 못 했던 나는 샌드위치라는 소리에 약간 당황하여 이유를 물었다. 동생은 샌드위치가 맛있기로 소문난 식당이라 가고 싶다는 눈치다. "하는 수 없지, 알았어." 하자 기쁜 듯 밝게 웃는 동생의 표정을 보니 샌드위치가 맛이 없더라도 좋았을 것이다.

오도리 공원역 지하 3층 깊숙한 비밀의 공간에 사에라가 있었다. 조심히 계단을 내려가자 애니메이션 〈고양이의 보은〉에나 나올 법한 귀엽고 아기자기한 일본식 가게가 있었다. 직원은 상냥하게 자리를 안내해 주었다. 자리에 앉자마자 메뉴에 대한 고민이 시작되었다. 나는 멘치카츠와 에그 샌드위치를 주문했고 동생은 에비카츠와 포테토 사라다(감자샐러드) 샌드위치를 주문했다. 동생이 후르츠(과일) 샌드위치도 먹고 싶다고 하기에 나눠 먹자 하고 함께 주문했다.

개인적으로는 맛집에 대한 강한 욕구가 없다. 입맛이 까다로운 편도 아니고 좋아하는 음식은 카레나 돈가스 정도로 매우 간단하다. 일본 교환학생 시절 편의점 음식을 자주 먹었는데 당시 좋아하던 음식이 치킨가스 샌드위치였다. 한 끼를 싸고 간단하게 해결할 수 있는데다 맛도 좋았기에 종종 대학교 옥상에서 점심시간마다 홀로, 혹은 친구들과 먹곤 했다.

사에라의 멘치카츠 샌드위치를 한 입 베어 물자 그때의 기억이 새록새록 떠올랐다. 샌드위치와 고기의 조합은 당시에는 이상하게만 보였는데 익숙해지니 부드러운 빵과 짭조름한 치킨가스는 너무나도 잘 어울렸다. 잊고 있던 익숙한 맛이 떠올라 샌드위치에 대한 의심이 지워지고 강력한 호감이 조금씩 일어났다.

동생의 에비카츠(새우튀김) 샌드위치도 한 조각 받아 베어 먹었다. 바삭한 튀김과 신선하고 부드러운 새우가 온화하게 입안에 퍼졌다. 행복한 충격을 받아 입을 다물지 못했다. 사람의 입맛은 다 다르니 나에게 최고의 맛이 남들에게는 아닐 수 있지만, 샌드위치 가게 사에라

는 사람을 행복하게 만드는 곳임이 틀림없다. 지하 3층이라는 매력적이기 어려운 깊은 공간에서 만난 즐거운 장소였다.

식사 후 다시 가파른 계단을 올라가 오도리 공원 역에서 지하철을 타고 히가시구야쿠쇼마에역에 내렸다. 역에서 15분 정도 걸어야 했는데 걸어가며 여러 장의 사진을 남겼다. 하늘은 파랗고 그 아래로는 모든 게 하얗기만 했다. 지나가는 사람 없는 조용한 골목길에서 높이 뛰어 점프 샷을 찍기도 했다. 흰 눈이 사람 키만큼 쌓인 신비로운 공간의 매력이 거기에 있었다.

삿포로 맥주 박물관

붉은 벽돌로 덮인 삿포로 맥주 박물관에 도착하자 갑자기 한국 사람들의 목소리가 여기저기서 들렸다. 일본인보다도 한국인 여행객이 더 많았다. 건물 안으로 들어가 엘리베이터를 타고 3층에 내렸다. 3층부터 1층까지 내려오면서 박물관을 구경하는 구조였다. 삿포로 맥주의 역사나 로고의 변화 과정 등이 인상적이었다.

박물관의 전시보다도 대부분 사람의 주된 방문 목적은 '맥주를 마시는 것'에 있었을 것이다. 맥주 마시는 공간은 인파로 북적거려 마치 공항의 입국 대기 줄과도 같았다. 예쁜 유니폼을 입은 일본인 직원은 한국말로 "줄 서세요!"라고 외치고 있었다. 한국인이 많이 방문하는 곳임을 실감하게 했다. 한국 여행사 직원으로 보이는 사람도 소리를 지르고 있었다. "이리로 오세요! 여기 한 줄로 서세요!" 한국 관광객들이 그의 말을 따라 줄에 합류했다.

내 앞으로 새치기를 하는 일도 있어서 조금 언짢아졌다. 일행이 한두 명이면 이해하겠지만 그렇지 않았다!

일본 여행사 직원도 보였다. 줄 밖으로 나와 있는 그들의 고객인 듯한 일본인 관광객들에게 '무슨 맥주 마실 건지' 물어보고는 자판기에 하나하나 입력하고 있었다. 그리고 자판기에서 나온 티켓을 박물관 직원에게 보여주고 맥주를 한 잔씩 나눠준다. 모든 광경을 줄 서서 지켜보던 나는 점점 지쳐갔다. 마침내 우리 차례가 되었을 때 박물관 직원은 "미안해요, 너무 기다리게 해드려서."라고 말했다. 예의상일지라도 직원의 사과를 받으니 머쓱한 기분이 되었다. 괜찮다는 웃음을

보이고는 자판기에서 구매한 티켓을 보여드렸다. 우리가 주문한 것은 맥주 3종 시음 세트인데 삿포로 클래식, 삿포로 블랙라벨, 카이타쿠시(개척사 맥주, 초창기에 만든 맥주 맛 그대로)로 구성되어 있다.

맥주를 평소에 잘 먹지도 않으면서 궁금하단 이유로 3잔이나 시킨 것은 큰 실수였다. 한 입씩 맛보던 동생은 내내 얼굴을 찡그렸다. 맛이 없단다. 나도 한 모금씩 먹어보았다. 블랙 라벨보다는 클래식이 맛있었고 카이타쿠시 맥주는 조금 싱거운 듯했다. 맥주 맛을 잘 몰라 맛있는지 아닌지도 잘 모르고 배가 불러 반 정도씩을 다 남겼다.

제대로 즐기지 못한 게 아쉽기는 했지만, 삿포로 맥주 박물관에 가는 중 걸었던 눈길이 너무 좋았기에 아예 후회되는 방문은 아니었다. 술에 관심 없는 나보다는 관심 많은 사람이라면 더 행복한 여행지였을 것이다. 옆 테이블이나 건너편에 보이는 가족들, 커플들, 친구로

보이는 관광객들은 모두 기분 좋게 한 잔을 다 비우고는 신난 듯 웃고 즐겁게 이야기를 나누고 있었다. 우리는 겨우 한 잔 비우는 것조차도 왜 그리 힘들던지.

파르코 백화점

박물관을 나와 갈 때와는 다르게 버스를 탔다. 오도리 공원역의 버스 정류장에 내린 후에는 호텔까지 걸어가려고 했다. 피곤해진 탓에 급히 귀가하고 싶었다. 하지만 동생은 파르코 백화점 앞에 붙은 포스터 하나를 보고 만다. 바로 애니메이션 캐릭터들이 한꺼번에 모여있는 그림이었다. 동생은 광대가 한층 올라간 표정으로 '이게 왜 여기에 있어?' 하는 어리둥절한 제스처를 취한다. 나는 '글쎄' 하고는 동생에게 백화점 구경을 권유한다.

동생은 잠시 포스터의 정체를 파악하더니 '백화점 7층에 애니메이션 샵이 있대, 가보자' 한다. 맥주 박물관 이후 피곤함에 거의 생기를 잃었던 동생의 눈이 다시 반짝인다. 오타쿠는 생명에 도움이 된다.

파르코 백화점에서 동생이 배구 만화 〈하이큐!!〉의 상품을 구경할 동안 나는 지브리 애니메이션 가게에 들러 귀여운 열쇠고리를 샀다. 애니메이션 〈마녀 배달부 키키〉를 좋아하는 알렉스를 위한 선물이었다. 동생이 행복한 쇼핑을 마칠 무렵, 또 한 번 동생이 "꺄악" 하고 외마디 비명을 내지른 이유가 생겼으니, 바로 악기 가게였다.

대학교에서 밴드 동아리에 속해 있는 동생은 기타, 피아노, 드럼 등의 악기를 잘 치는 편이다. 자주 공연 연습을 하고 때마다 밴드 공연을 한다고 하니 멋진 구석이 있다. 그런 동생에게 악기 가게는 파라다이스 같은 곳이 아니었을까.

"여기 뭐야? 왜 너를 위한 모든 게 다 마련되어 있어?"

"그니까, 여기 뭐야?"

혼란스러워 보이는 동생은 구경해도 되냐며 고개를 돌려 나를 돌아본다. '맘껏 구경해' 하니 쪼르르 달려가 입장한다. 나는 봐도 뭐가 뭔지 잘 모르겠는 용품들을 보고 '이게 이렇게 많은 거 처음 봐'하며 사진을 찍는 동생의 모습을 보니 흐뭇해진다.

동생이 구경하는 동안 나는 하모니카를 발견하고는 '하나 살까?' 하며 진지하게 고민해 보았다. 나에게도 다룰 줄 아는 악기가 하나 있다면 좋을 텐데. 피아노는 서툴고 기타도 마찬가지다. '꼬부랑 할머니'라는 곡 연주가 나의 최선인데, 동생에게는 숙련된 기술과 재능이

있어 자유롭고 편안하게 아름다운 곡을 연주할 수 있으니 부럽고 대단하다.

오타루에 가기 전날, 동생과 함께한 하루는 빠르게 흘러갔다. 동생의 지인이 가봤다는 삿포로의 카페를 방문했다. 작은 카페 '카타치'는 따뜻한 분위기였다. 직원의 상냥함도 좋았다. 치즈 케이크와 딸기 타르트도 무척 맛있었다. 디저트를 사랑하는 동생 덕에 평소의 100배는 단것을 먹고 있었다.

카페에서 호텔로 돌아가 잠시 휴식한 후 수업을 했다. 그동안 동생은 로크포르 카페에 가서 책을 읽었다. 책 한 권을 다 읽고 돌아와 내가 부탁한 코코이찌방야의 카레를 포장해서 와주었다. 저녁 9시에 먹는 늦은 저녁 카레는 달콤했다. 오랜만에 먹는 익숙한 카레 맛이 '일본에 다시 돌아온 걸 환영해'라고 말해주는 듯했다.

사에라
珈琲とサンドイッチの店 さえら

오도리 공원 역 지하 3층에 위치한 샌드위치 카페다. 부드러운 빵과 과일(후르츠)의 조합도 좋지만 멘치카츠나 에비카츠 등 튀김이 들어간 샌드위치도 추천한다. 삿포로 현지인들에게도 인기 많은 유명한 맛집이다. 오후 6시면 영업을 종료한다. 저녁을 먹으러 간다면 이미 문이 닫혀 있을 테니 브런치나 점심 식사로 추천한다.

주소 Hokkaido, Sapporo, Chuo Ward, Odorinishi, 2 Chome-5-1 都心ビル B3F 영업시간 10:00~18:00 정기 휴무 수요일 연락처 011-221-4220

삿포로 맥주 박물관
サッポロビール博物館

삿포로 맥주 공장이던 건물을 박물관으로 재단장한 곳이다. 삿포로 맥주의 역사를 소개하는 전시관(2층 삿포로 갤러리)과 맥주를 시음할 수 있는 공간(1층 스타홀)으로 구성되어 있다. 전시회와 투어는 무료로 관람할 수 있지만 미리 신청하면 프리미엄 투어 코스로 견학도 가능하다. 가장 인기 많은 곳은 맥주 시음센터! 맥주는 종류별로 가격이 다르다. 삿포로 클래식, 삿포로 블랙라벨, 카이타쿠시(개척사) 맥주 세 가지 종류가 있다. 1잔당 400~450엔이고 3종을 모두 시음해 볼 수 있는 세트는 1,000엔이다. (2023년 6월부터 기존의 800엔에서 1,000엔으로 가격이 올랐다)

주소 9 Chome-1-1 Kita 7 Johigashi, Higashi Ward, Hokkaido 065-8633 영업시간 11:00~18:00 (주문 마감 16:00) 정기 휴무 월요일 연락처 011-748-1876 홈페이지 http://www.sapporobeer.jp/brewery/s_museum/

설국에서의 한 달
하얀 세상과의 차갑고도 뜨거운 만남

2장 삿포로 근교 이색 여행

낭만적인 야경 속
달콤한 스위츠

오타루 오르골당 / 카페 르타오 / 오타루 운하 / 텐구야마 전망대

아침 해가 밝았다. 고대하던 낭만의 도시 오타루에 가는 날이다.

삿포로역에서 JR 열차를 타고 가야 한다. 에키벤(역에서 파는 도시락)을 기차 안에서 먹기로 하고 고심 끝에 해산물이 잔뜩 들어간 도시락을 하나 골랐다. 문제는 열차 안에 사람이 너무 많아 앉을 곳이 없었다는 것이다.

따뜻하게 데워졌던 도시락은 봉지 안에서 차갑게 식어갔고 내 마음은 잔뜩 심통이 났다. 북적이는 사람들 사이, 덜컹거리는 기차 안에서 중심을 잡으며 서 있었다. 창밖으로 하얀 눈이 가득 쌓인 건물과 집들이 빠르게 지나갔다. 그리고 곧 파란 바다가 눈앞에 펼쳐졌다. 바다 물결이 출렁이고 파도가 넘실거리는 모습이 기차 창문을 가득 채웠다. 그 순간 객실 안 모든 사람이 핸드폰을 들고 사진이나 영상을 찍기 시작했다. 나를 포함해 모두가 잠시나마 큰 행복을 느꼈을 것이

다. 아름다운 풍경을 본 덕분인지 속상했던 마음도 이미 사르르 녹아
내리고 있었다.

미나미 오타루역에 정차하는 동안 동생과 '여기서 내릴까, 다음 역
인 오타루역에서 내릴까?' 하고 잠시 고민하다가 바로 내리기로 했
다. 그 이후 우리는 손에 든 에키벤을 어디서 먹을지에 대한 토론을
했으며 이내 고된 여정이 시작된다.

미나미 오타루역에 정차한 기차 밖으로 사람들이 우르르 쏟아져
나왔다. 우리도 그중 하나였다. 계단을 올라 개찰구 밖으로 나가니 역
안에 줄지어 놓인 의자들이 보였다. 나와 동생의 손에는 삿포로역에
서 사 온 도시락이 여전히 차갑게 식은 채 있었다. 의자를 바라보며
동생이 말했다. "여기서 먹을까?" 어수선한 분위기지만 차가운 바깥
보다는 나을 것이라는 게 동생의 의견이었다.

그래도 바다가 있는 도시인 오타루에 왔는데 도시락을 역 안에서 먹는 것은 아무래도 끌리지 않았다. "바다를 보면서 도시락을 먹고 싶은데…." 나의 이상한 고집에 동생은 군말 없이 따라주었다.

오타루 지도를 보며 공원이 있다는 방향을 향해 눈을 헤치며 걸었다. 길가 옆에 있는 하얗고 뽀얀 눈 속에 발을 푹 담가 보았다. 생각보다 깊어 황급히 발을 들었다. 길을 따라 걷다 보니 푸른 바다가 보였다. 아름다운 바닷물결 위로 흰 눈덩이들이 기름처럼 둥둥 떠다니고 있었다. 노란 포크레인 하나가 눈을 한 더미씩 실어 바닷물 속으로 버리고 있었다. 신기한 광경이었다!

지도를 다시 확인해 보았다. 도착지로 정했던 공원 안으로 들어가려면 다리를 하나 건너야 했는데, 어쩐지 차만 쌩쌩 다니는 것이 사람이 다니는 길로 보이지 않았다. 망설이던 우리는 결국 공터에 쪼그리고 앉아 도시락을 먹기로 했다. 해산물을 좋아하는 편도 아닌 데다 차갑게 식은 밥은 더욱 취향이 아니었지만 궁상 맞은 우리의 모습이 스스로도 우스워 저절로 웃음이 새어 나왔다. 까악 까악 까마귀 두 마리가 옆에서 울어댄다.

오타루 오르골당

오타루에는 르타오라는 유명한 디저트 가게의 본점이 있다. 달달한 치즈케이크 '더블 프로마쥬'가 대표 메뉴다. 얼어붙은 손에 도시락 쓰레기 봉지를 들고 다른 한 손에는 장갑을 끼고 르타오를 향해 걸었다. 눈은 길가 곳곳에 삿포로보다도 더욱 높이 쌓여 있었다.

5분 정도 걸었을까? 오타루의 또 하나의 명소인 오르골당과 르타오가 한눈에 보였다. 마침 가게 앞에 놓인 쓰레기통을 발견하고 봉지를 버리고 나니 동생과 또 하나의 토론이 시작됐다.

나는 디저트 가게에 들어가자는 의견을 내보았지만 동생의 의견은 달랐다. 방금 점심 식사를 마쳐서 배가 부르니 오르골 구경을 한 후에 디저트를 먹자는 것이다. 한 번의 실수로 추위에 떨며 점심을 먹었던 것에 대한 미안함으로 이번에는 동생의 의견에 순순히 따르기로 했다. 오르골당 문을 열자 따스한 바람과 함께 아름다운 오르골 음악이 우리를 환영해 주었다.

우리가 '오타루 오르골당'이라고 생각하고 열심히 구경하던 곳은 사실 르타오 맞은편에 있는 '오타루 오르골당 2호관 앤틱 뮤지엄'이었다. 어쩐지 규모가 작다고 생각했다. 나중에 새롭게 발견한 진짜(?)

오타루 오르골당은 건물도 훨씬 크고 전시된 오르골의 종류도 더 다양했다. 관광하는 사람도 많아 시장처럼 북적거렸다.

카페 르타오

오르골당을 빠져나와 르타오 본점에 갔다. 1층은 판매를 전문으로 하는 가게였고 2층은 카페였다. 대기 번호를 받고 의자에 앉았다. 기다린 지 얼마 되지 않아 번호가 불렸다.

카페 안 분위기는 유럽의 작은 카페를 연상케 했다. 오타루에는 유럽풍 건물이 많았다. 바닷가에 있는 항만 도시로 물자를 운하로 이동하던 오타루는 이제는 관광 도시로 더욱 유명하다. 여행책마다 야경이 낭만적이라는 묘사가 있어 기대가 컸다. 오타루 운하는 더 이상 물자 이동용으로는 쓰지 않는다.

르타오 카페에서 대표 메뉴인 치즈 케이크를 먹고 딸기 타르트와 밤으로 만든 몽블랑을 맛보고 나니 다음 일정에 대한 고민이 또 한 번 시작되었다. 오타루 운하의 야경을 볼 것인가? 그렇다면 해가 지는 시간까지 오타루에 있어야 하는데 당시 시각은 오후 1시로 해가 지기까지 마땅히 시간을 보낼 만한 일이 없었다.

카페는 인기가 많아 벌써 대기하고 있는 사람의 줄이 계단을 넘어가니 계속 자리를 차지하기에도 눈치가 보였다. 동생과 나는 핸드폰을 꺼내 오타루에서 야경을 기다리며 할 만한 것들을 검색하기 시작했다.

"수정아, 텐구야마라는 곳이 있는데? 산 위까지 리프트 타고 올라가서 전망대에서 오타루 도시 전체를 내려다볼 수 있대."

"어떻게 가는데?"

"버스 타고. 여기에서 오타루 운하까지 가서 낮의 운하를 보고 운하 근처에 있는 버스 정류장에서 버스 타고 가면 될 듯? 사진 봐, 너무 예쁘지? 밤에 보는 야경도 예쁜 것 같긴 한데. 야경은 운하에서 볼 거니까…. 해 지기 전에 내려와서 운하 보고 숙소로 갈까?"

"산에서도 야경 예쁠 것 같은데? 산이랑 운하 야경 둘 다 보고 싶은데?"

"그러면 산에 해지기 전에 올라가서 낮 뷰(?), 노을 뷰, 야경 뷰 모두 보고 내려와서 운하의 야경을 볼까?"

"그럴까? 시간도 많은데."

"그러자. 할 것도 없는데."

오타루 운하

디저트 가게를 나와 오타루 운하로 향하는 길, 할 게 없다는 말이
무색하도록 우리는 바쁘게 발을 움직였다. 르타오 근처의 메르헨 교
차로 광장에서 오타루 운하로 가는 길은 '사카이마치 도리'인데 사카
이마치 상점가로도 불린다. 사카이마치 상점가에는 유리 공방, 유리
공예품 가게를 비롯한 각종 장식품 및 기념품 가게가 즐비하다. 그 외
에도 벽돌 가게, 해산물 가게, 멜론 아이스크림 가게 등 걸음을 멈추
어 구경하고픈 매력적인 가게가 너무나도 많았다. 거리 자체도 너무
예뻐서 사진도 많이 찍었다. 그러다 보니 예상보다 더 늦은 시간에 운
하에 도착했다.

운하에는 사람들이 몰려 있었다. 기다리다가 겨우 작은 틈이 생겨
사진을 몇 장 찍고 빠져나왔다. '오타루 운하 봤다'라는 말만 겨우 할
수 있을 정도의 소박한 경험이었다. '이따가 다시 돌아와서 야경 볼
때는 더 예쁘겠지?' 하는 기대와 함께 버스 정류장으로 향했다. 텐구
야마로 향했다.

텐구야마 전망대

텐구야마는 영화 〈러브레터〉의 촬영지로도 유명하다. 산 정상에 가
기 위해서는 로프웨이(리프트)를 타야 했다. 버스에서 내리자마자 리
프트에 탑승하는 표를 사고 기다렸다. 버스 정류장에 있던 오타루 시
내로 돌아가는 버스 시간표도 확인했다. 일본의 버스 시간표는 16시
7분, 16시 47분 이런 식으로 정해진 시간에 떠나기에 조금이라도 늦

게 가면 버스는 이미 떠나고 없다. 시간 맞추기를 좋아하는 일본 사람들 특징이다. 리프트도 마찬가지다. 정확한 시간 간격으로 운행되었다.

산 정상으로 오르는 리프트 안, 창밖으로 스키장이 보였다. 우리도 스키장에 갈 계획을 세워두었다. 삿포로 국제 스키장에 가기로 했는데 모조리 어설픈 계획만 세운 우리에게도 스키장만큼은 만반의 준비를 한 상태였다. (그조차도 아주 엉망이 될 예정이지만 그 이야기는 다음에 하도록 하자) 흰 눈이 쌓인 산을 가로질러 올라가 정상에 다다랐다. 추운 바람을 뚫고 눈이 소복하게 쌓인 전망대 위에 올랐다.

버스 안에서 보았던 핑크빛 하늘과 주황 노을도 이미 사라진 하늘은 미처 다 어두워지지 못한 채 푸른 빛을 품고 있었다. 푸르스름한 하늘과 서서히 시작되는 야경의 기미가 어찌나 아름답던지, 탄성을 내지르던 나와 동생에게 누군가 다가왔다.

"한국 분이세요?"

안경을 쓴 키 큰 남자는 리프트에 함께 탑승했던 사람이었다. 리프트에 있던 다른 한국 사람들과 일행이라고 생각했는데 아니었던 모양이다. 혼자 산 정상에 온 그는 사진을 찍어 줄 사람이 필요해 나에게 말을 걸었다. 공손하고 예의 바른 그에게 웃음으로 화답하며 핸드폰 카메라를 받아 들고 정성을 다해 사진을 찍어 주었다. 세로로도 가로로도 몇 장씩 찍은 후 그에게 돌려주었다. 기회라고 여겼던 나는 "저희도 혹시… 부탁드려도 되나요?"라고 물었다. 그는 "그럼요! 최선을 다해서 찍어드릴게요!"라고 우렁차고 밝은 톤으로 말해 순간 웃음이 터졌다. 덕분에 예쁜 추억이 아름답게 기록되었다.

여행지에서는 한국 사람에게 사진을 부탁하는 것이 가장 현명하다. 한국 사람들은 대체로 사진을 잘 찍는다. 예술 같은 각도와 뛰어난 기술로 사진을 담아내기에 최적화된 사람들이다. 나의 사진도 그에게 만족스러운 결과물이었을까 지금도 종종 생각한다.

텐구야마 전망대는 구조상 옥상처럼 건물 외부에 있어 찬 공기를 그대로 느껴야 했기에 오래 머물기는 어려웠다. 한쪽 장갑을 잃어버린 데다 어디선가 다른 한쪽을 또 잃어버려 맨손이 된 나는 동생과 함께 서둘러 건물 안으로 들어갔다. 건물 안에는 기념품 가게와 텐구 박물관, 카페 등이 있었다.

언 몸을 녹이고자 카페 안으로 직행한 나는 따뜻한 커피 한 잔을 시켰다. 동생이 뒤따라와서는 메뉴판에 있는 글씨를 읽어 달라고 부탁했다. 저녁 식사 메뉴도 있다는 걸 덕분에 발견하고 카레를 각각 주문했다. 창밖의 야경을 보며 멍한 표정으로 카레를 먹었다.

맛이 그다지 훌륭한 편은 아니었지만 추운 바깥에 있지 않아도 되며 허기를 달랠 수 있는 현실만으로도 감사함을 느꼈다. 혹독한 추위 앞에서 인간은 너무나도 작고 나약한 존재다.

텐구야마의 야경은 아주 깜깜한 순간에도 아름답긴 했으나 어두워지기 직전의 푸르스름했던 풍경이 가장 아름다웠다. 일찍 와서 노을까지 보았더라면 더 좋았을 텐데…. 멋진 야경을 구경하고 오타루 운하로 향했다. 전망대를 빠져나와 버스를 타러 가는 리프트 안에서 일본인 모녀가 대화를 나누고 있었다.

"시간에 맞춰 버스를 탈 수 있을까?"

버스 시간은 7분이었는데 우리에겐 5분 정도의 시간이 남아 있었다. 나도 계속 시계를 확인하며 초조해하던 찰나였다. 7분 버스를 놓치면 40분을 더 기다려야 한다. 리프트 안에 있던 일본인 커플도 비슷한 대화를 나누고 있었다. 리프트는 목적지에 다다르자 속도를 줄였고 모두에게서 답답함과 불만의 한숨과 탄식이 튀어나왔다.

그러자 '모두가 같은 생각을 하고 있구나!' 하는 분위기를 느낀 한 일본인 여성이 "모두 버스 타는 거지요? 화이팅해요, 우리!"라고 말했다. 커플 중 여자분도 손으로 화이팅의 동작을 취해 보였다. 나도 웃음으로 답했다. 리프트 문이 열리고, 우리는 조심스레 걸어 나간 후 곧바로 전속력으로 뛰어나갔다.

시간이 촉박했다. 눈으로 길이 미끄러운 데다 계단도 많아 조심해야 했다. 나와 동생이 가장 빠른 속도로 버스에 도착했고 뒤이어 커플이 들어왔다. 아직 모녀가 타지 않았다. 불안함에 창밖을 계속 뒤돌아보았다. 마음속으로 '화이팅'을 외치고 있었다. 딸이 먼저 탑승하고 엄마가 나중에 거친 숨을 내쉬며 버스에 올랐다. '감사해요'라는 말을 겨우 하고는 자리에 앉은 모녀를 보고 나서야 겨우 마음이 놓였다. 버스는 경사진 골목을 누비며 오타루 운하쪽으로 내려 갔다.

운하가 있는 아름다운 오타루 풍경을 여행 전에 많이 찾아보았다. 이탈리아의 베네치아 풍경이 떠오르는 아름다운 곳이라고 들었다. 낮에는 북적이는 사람들로 진득한 구경은 하지 못했다. 오타루에 도착하자마자 방문했던 오르골당과 유리 공방, 르타오 본점에서의 디저트는 모두 기대한 만큼의 기쁨을 주었다.

텐구야마 전망대에 올라가 내려다본 야경도 기대 못 한 보너스였다. 오타루 운하의 야경을 보기 위해 해가 지기를 기다리며 무작정 찾아갔지만 너무 좋았다. 아름다운 풍경을 보고는 문득 영감이 떠올라 하얗게 눈 덮인 언덕 위에서 영화 〈러브레터〉의 한 장면을 따라 하기도 했다.

"오겡끼데스까…."

아주 작은 소리로 외쳤다. 일본에는 '메이와쿠'라는 문화가 있다. 메이와쿠는 민폐라는 뜻으로, 일본 사람들이 가장 중요하게 생각하는 행동양식이 바로 타인에게 민폐를 끼치지 않는 태도다.

2017년, 처음 교환학생으로 일본에 갔을 때 철학 수업을 들은 적이 있다. 교수님께서 철학 수업을 하던 중 일본인의 '메이와쿠' 문화에 대해 잠깐 언급했다. 당시에는 전혀 몰랐던 사실이라 친구에게도 물어보고 책을 찾아보기도 했다.

일본에서는 직접 묻기 전에는 먼저 나서서 도와주는 경우는 별로 없다. 정 없게 느껴질 수도 있지만 그것 또한 괜히 나서서 민폐를 끼치지 않기 위함이다.

알렉스와 기차 여행을 하다가 한 번은 가방을 두고 내린 적이 있는데 한 일본인이 큰 소리로 "놓고 간 물건이 있어요!"라고 알려주어서 매우 고마웠던 기억이 있다. 알렉스도 나도 '일본 사람이 이런 걸 보고 먼저 말을 걸어 알려 주다니 고맙고도 대단하다'라고 무척 놀라워했다.

일본 열차 안에는 '우선석'이라고 부르는 노약자석이 있다. '노약자석 근처에서는 핸드폰을 꺼주세요'라는 안내 문구를 보고 놀랐다. '노약자석 앞이 아니더라도 핸드폰은 매너모드로 하고 통화는 금지'라고도 쓰여 있다. 함께 타는 승객에게 폐를 끼칠 수 있기 때문이다.

모두가 질서를 지키기 때문에 편하게도 느껴지지만 동시에 익숙하지 않은 사람들에게는 불편한 족쇄일 수도 있다. 일본 사람들조차

도 '메이와쿠' 문화로 남의 시선을 너무 신경 쓰고 배려하는 바람에 직접적인 의견 표출이 어려워 곤란할 때가 있다고 말하기도 한다.

여행자들은 특히 일본에서 실수를 많이 한다. 기차 안에서 시끄럽게 이야기하거나 질서를 무시하는 행동을 하면 일본 사람들은 어떻게 생각할지 몰라도 같은 외국인 여행객으로서는 조금 부끄럽다. 그런 이유로 텐구야마의 정상에서도 주변에 피해가 가지 않게 큰 소리를 내지 않았다. 〈러브레터〉 영화의 명장면을 그대로 따라 한다면 아주 크게 외쳤어야 했겠지만 아주 작게 속삭이는 것으로 대신했다.

다시 오타루 운하로

텐구야마 전망대에서 내려와 운하에 다다르자 파란 불빛으로 장식한 일루미네이션이 보였다. 별처럼 빛나는 파란 장식들이 아름답긴 했지만 기대한 만큼은 아니었다. '설마 이게 다인가?' 싶어 계속 기웃거렸다. 주변의 한국 사람들 말소리가 들렸다. 나와 마찬가지로 아쉬워하는 기색이었다. 운하를 따라 쭉 걸었다. 동생은 충분히 만족한 듯했다. 사진도 많이 찍었다. 반대로 나는 약간의 실망감을 느끼고 말았다.

여행지에는 언제나 과대광고의 함정이 있다. 맛있기로 소문난 맛집은 그저 마케팅을 잘했을 뿐인 빈 수레일 수도 있다. 모두가 줄 서서 기다리는 포토 스팟은 그저 사진 한 장 남기면 끝나는 무경험의 공간이기도 하다. 여행이 '인증샷'을 남기는 게 전부가 아닌데, 가끔 나도 사진에 정성을 들이느라 여행을 제대로 만끽하거나 공간에 대한 오감을 동원한 제대로 된 체험 자체를 잊을 때가 많다.

오타루 운하도 마찬가지다. 사진이 생각보다 예쁘게 나오지 않는 공간이라 실망했는지도 모른다. 막상 잠시라도 멈춰 서서 운하를 제대로 바라보기는 했을까? 불빛이 아름답게 물 위를 비추며 반사되는 모습을 보고 '생각보다 안 예쁘네!'라는 생각밖에 하지 못한 자신이 아쉬웠다. 운하를 등지고 역을 향해 걸었다. 삿포로역으로 돌아갈 시간이다.

가는 길에 관광객이 많이 보였다. 다들 오타루 운하를 보고 무슨 생각을 했을까? 오타루는 정말 아름답다. 귀여운 상점이 많고 유럽풍 건축물도 아기자기하게 조화롭고 특색있는 풍경을 만든다. 운하를 제외하고도 마을은 충분히 아름답고 특별한 장소였다.

털게 정식을 먹는다면
삿포로에서

털게 정식 전문점 빙설의 문 / 디저트 카페 빗세 스위츠

삿포로에 오기 전부터 계획한 일이 있었다. 동생과 카페에 둘러앉아 인터넷으로 신중하게 예약해 두었던 '카니(털게) 정식'을 먹는 날이었다. 코스 요리는 매우 비쌌기에 우리는 그중에서도 가장 저렴한 점심 식사를 하기로 했다. 그마저도 1인당 6,800엔으로 약 7만 원이었다. 인생 한 번의 경험으로 충분한 식사 금액이었다. 털게 정식에 대한 호평을 주변으로부터 들어온 터라 설레는 마음으로 발걸음이 가벼워졌다.

'빙설의 문'이라는 식당 이름을 동생은 무척 좋아했다. 마치 만화에 공격 주문으로 나올 법한 이름이라나. "빙설의 문!"하고 주문을 외칠 것 같단다. 귀여운 발상이었다. 동생을 데리고 도착한 식당에는 커다란 게 장식이 그려져 있었다. 엘리베이터를 타고 올라가니 직원은 이름을 확인한 후 방으로 우리를 안내해 주었다.

일본식 인테리어에 동양화가 그려져 있는 방에 신발을 벗고 들어갔다. 주문한 내용을 확인한 후 직원은 잠시 사라졌다가 음식과 함께 다시 나타났다. 문을 여닫고를 반복하며 새로운 음식이 등장했다.

코스 요리를 그동안 별로 먹어본 적이 없다. 동생은 처음이라며 신기해했고 그렇기에 더욱 특별한 기분이 들었다. 게의 맛은 훌륭했다. 구워 먹는 요리도 훌륭했으며 샤부샤부처럼 게를 2, 3분 동안 국에 담가 뒀다가 먹는 요리도 무척 맛있었다. 특히 스시가 훌륭했다. 어느 곳에서도 그렇게 맛있는 스시를 먹어본 적이 없었다. 살살 녹는 맛의 기쁨을 느끼는 동안 식사는 거의 끝나가고 있었다.

마지막 디저트인 아이스크림(셔벗)도 시원하고 달달하며 상큼했다. 우리의 지갑은 초라해졌지만 만족스러운 식사였다. 정확히는 동생에게 대접한 나의 지갑만 초라해졌다. 동생은 친구의 선물을 사거

나 디저트를 많이 먹거나 한 탓에 예산보다 지출을 많이 했다. 다음날 스키장을 성공적으로 가기 위해서라도 동생의 지갑을 지켜줄 필요가 있었다. 계산할 동안 걱정하던 동생 표정이 '내가 살게' 한 마디에 활짝 펴지는 것을 보았다. 이런 마음으로 부모님이 우리에게 맛있는 것을 사주곤 했던 걸까?

돈 이야기는 사람에 따라 즐겁지 않게 들릴 수 있지만, 한정된 자원 안에서 알맞게 돈을 쓰는 것은 자연스러운 일이라 생각한다. 점심으로 큰 지출을 했으니 저녁은 작은 지출을 해야 했다. 우리는 일본 편의점의 세계에 빠져들게 된다. 동생이 먼저 돈을 아끼자는 마음에 편의점 음식을 제안했고 나도 적극 찬성했다.

일본 편의점의 장점은 24시간 운영뿐만이 아니다. 도시락의 높은 퀄리티, 스시나 주먹밥의 신선함, 디저트의 고급스러운 맛 등이 특히 우수하다. 공장에서 찍어낸 듯한 빵조차도 너무 맛있는 데다 겨우 170엔 정도 하는 식빵마저 맛이 좋다.

일본은 맛에 진심이다. 한국이 밥에 진심이라면 일본은 디저트에 더욱 진심이다. 보기에도 아름답지만 맛은 더 환상적이다. 디저트 또는 스위츠라고도 부르고 종류도 무척 다양하다. 파르페, 몽블랑, 치즈 케이크, 딸기 타르트 등. 너무 달고 느끼하다 싶으면 과일의 상큼함이 느끼함을 잡아준다. 그동안 디저트류에는 큰 흥미가 없었는데 일본에 오니 단 음식이 물리지 않는 기적을 보게 된다.

편의점에서 쉽게 구매할 수 있는 디저트 제품은 물론이거니와, 홋카이도가 자랑하는 신선한 유제품과 과일을 사용한 디저트 전문 카페의 디저트에서는 기쁨의 맛이 난다. 어떤 카페에 가야 하나 망설여지진다면 디저트 카페가 모여있는 '빗세 스위츠'를 추천한다. 오도리 공원역과 가까운 '오도리 빗세' 쇼핑센터 1층에 있는 디저트 전문 카페의 집합 센터다. 행복한 맛을 쇼핑할 수 있다.

효우세츠노몬(빙설의 문)
氷雪の門

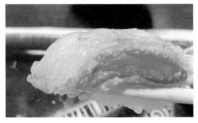

스스키노역 근처에 있는 삿포로의 털게 요리 전문 식당이다. 인기가 많아 사전 예약은 필수다. 전통적인 분위기에 직원들이 기모노를 입고 코스 요리를 차례차례 서빙해 준다. 코스 메뉴는 자유롭게 고르면 되는데, 비싼 가격이 부담이라면 다소 저렴한 런치 메뉴에 도전해 보기를 추천한다.

주소 Hokkaido, Sapporo, Chuo Ward, Minami 5 Jonishi, 2 Chome-8-10 氷雪の門ビル 영업시간 월~금 11:00~22:30 (브레이크 타임 15:00~16:30) 토,일 11:00~22:30 (브레이크 타임 없음) 홈페이지 http://hyousetsu.co.jp/

오도리 빗세
大通ビッセ

홋카이도 각지의 유명 점포와 가게가 입점되어 있는 대형 상업 시설이다. 식사, 쇼핑, 디저트까지 한 번에 즐길 수 있다. 오도리 공원역과 연결되어 접근성이 좋다. 특히 1층의 빗세 스위츠(BISSE SWEETS)는 홋카이도의 유명 디저트가 한자리에 모인 디저트 편집숍 같은 곳이다. 오타루에 본점이 있는 '르타오'와 '키노토야' 등 유명한 디저트 전문점에서 원하는 제품을 골라 한 번에 먹을 수 있다. 추천 메뉴는 파르페와 소프트크림이다. '키노토야(KINOTOYA)' 카페에서는 신선한 과일과 크림이 듬뿍 들어간 '오무파페(오믈렛 파르페)'가 인기 메뉴다.

주소 Hokkaido, Sapporo, Chuo Ward, Odorinishi, 3 Chome-7 영업시간 07:00~20:00 (점포에 따라 상이) 홈페이지 https://www.odori-bisse.com

한국 여행객
스키장 행방불명(?) 사건

삿포로 국제 스키장 / JR타워 전망대 / 무지카 홀 카페

삿포로 근교에는 조잔케이라는 온천 마을이 있고 근처에는 삿포로 국제 스키장이 있다. 아침 일찍 나카지마 공원 앞에서 버스를 타고 스키장으로 향했다. 원래 계획대로라면 스키장에서 스키를 탄 후 근방인 조잔케이 온천 마을에 가서 온천도 즐기고 숙소로 돌아오는 것이었으나 스키 타기가 너무 힘들어서 온천은 후일로 미루게 되었다.

버스를 타고 스키장으로 향하는 길, 창밖을 보니 어느새 산속이었다. 흰 눈으로 뒤덮인 산을 실제로 보는 것은 처음이었다. 눈이 하늘에서 흩뿌리듯 내려오고 있었다. 푸른 나무의 윗부분은 눈으로 덮여 있고 뒤편의 산들은 뿌연 안개로 멀수록 투명하게 보였다. 그림 같은 풍경이었다. 선조들이 동양화 속에서 산과 나무를 표현했던 장면을 실제로 보는 기분이었다.

설국이다. 눈으로 뒤덮인 산으로 온 시야가 가득 찼다. 눈이 펑펑

내리고 있었다. 스키장으로 들어가 장비를 빌리고 옷을 갈아입은 후 본격적으로 스키 탈 준비를 했다. 정상으로 올라가는 곤돌라 안에서 이미 동생과 나는 녹초가 되어 있었다. 스키를 타기 전부터 지친 것이다. 지친 몸으로 창밖을 보며 흰 산의 풍경이 아름답다고 감탄하는 것도 잠시, 끝도 없이 올라가는 기색이 두려워지기 시작했다.

산은 굉장히 높았고 기후는 좋지 않았다. 정상에 도착하자 눈보라가 휘몰아치고 있었다. 하늘은 어두컴컴한 회색 구름으로 가득했다. 잠시 햇빛 한 줄기가 삐죽 나온 적도 있었다. 외국인 관광객이 많았다. 스노보드를 타며 넘어지기도 하고 신나게 달리기도 하는 사람들을 보며 우리도 마음의 준비를 했다.

동생은 스키를 잘 타는 편이었다. 어렸을 때 같이 스키 타기를 배운 적이 있다. 당시 나는 빠른 속도로 내려오다가 갑자기 나타난 사람을

피하려다 엉뚱한 곳에서 넘어져서 다리를 심하게 다쳤었다. 그 후 지금까지도 다리가 부어 있다. 잘한다고 생각해도 자만은 금물, 오랜만에 타는 것이니 더더욱 낯설 것이다. 초심자의 마음으로 돌아가 초급 경로를 타고 내려갔다. 경사가 심하지 않아서 속도가 빠르지 않으니 수월했고 곧 스키가 즐거워졌다.

동생과 떨어지지 않기 위해 몇 번이나 멈춰서서 어디 있나를 확인했다. 동생은 가벼운 몸으로 나보다도 방향 조절이 자유로워 보였다.

"너 스키를 잘 타는구나?"

"이게 내가 잘하는 거의 유일한 스포츠야, 언니."

"안 무서워? 나는 내려올 때 너무 빠르면 무섭던데."

"아니? 넘어져도 눈이라 안 아프고."

스키를 탈 때 가장 중요한 건 잘 넘어지는 것이다. 잘못 넘어지면 스키판에 얼굴을 맞거나 남에게 피해를 주어 큰 사고가 날 수 있다. 타는 내내 세 번 정도 넘어졌다. 처음은 간단하게 넘어져서 금방 회복할 수 있었다. 살짝 부끄럽기도 했지만 아무도 신경 쓰지 않았다. 두 번째는 조금 크게 넘어졌다. 장비가 하나 멀리 날아가기도 해서 주변에 누가 오지 않나 계속 확인하며 찾으러 갔다.

벗겨진 스키판을 경사진 면에서 착용하는 것은 쉽지 않았다. 마지막 넘어졌을 때는 동생과 완전히 다른 길로 갔을 때다. 동생은 그쯤 초급에서 중급 코스로 여유 있게 넘어갔고 나는 여전히 초급 코스를 유지하고 있었다. '밑의 티켓부스나 라멘집 앞에서 만나자' 하고 인사한 후 헤어지자마자 갑작스런 경사에 스피드를 어찌하지 못하고 풀썩 넘어졌다. 눈 속에 넘어지는 것은 재미있는 일이었다.

굉장한 속도로 내려가던 중에 넘어졌으니 눈이 없었다면 상당했을 고통이 전혀 없다시피 했다. 일어나려는 찰나 재미가 반감된다. 두 다리가 꼬인 것이다. 장비 한쪽을 풀지 않으면 안 되었다. 오른쪽 발을 스키판으로부터 해방시킨 후에 제대로 서서 다시 신으려 했다. 미끄러운 눈길 속에서 평평하고 긴 스키판을 새로 신는 것은 어려운 일이다. 그렇게 시간이 지나는 동안 이미 머릿속에서 동생이 밑에서 나를 기다리고 있고 '언니 왜 안 오지' 하며 걱정하고 있는 상상이 이어졌다.

"찰칵"

됐다! 장착에 성공하자 스키를 타고 천천히 조심스럽게 내려왔다. 하도 느리게 내려가는 바람에 스키를 즐긴다기보다는 그저 넘어지지 않고 내려오는 게 목적인 사람 같았다. 도착한 곳에는 동생이 없었다. 3시 정도였다. 운 좋으면 3시 30분에 돌아가는 버스를 타고 돌아갈 수도 있겠다고 정상에 있는 카페에서 아포가토를 먹으며 이야기했었다. 웬걸, 동생은 3시 30분이 넘도록 돌아오지 않았다.

한국 여행객 행방불명?!

동생을 기다리며 티켓부스와 라멘집 앞을 몇 번이나 왔다 갔다 하고 있었다. 라멘집 앞에는 인포메이션 센터가 있는데 스키장 직원이 '잃어버린 사람을 찾습니다' 방송을 하는 게 들렸다. 조심스럽게 직원에게 물었다. 동생이 오지 않아서 방송을 부탁드리고 싶다고 말했다.

직원은 동생의 이름을 물어보았고, 나는 '한국에서 온 수종(수정의 일본어식으로 편한 발음)'이라고 일러주었다. 직원은 스키장에 한국인 직원이 있으니 한국어로 방송할 수 있게 도와주겠다고 했지만 전화를 걸어본 결과 그 직원은 이미 퇴근한 상태였다. 결국 동생의 일본어 듣기 실력이 방송을 이해할 수 있는 정도가 되기를 바라는 수밖에 없었다.

직원은 마이크를 켰고 이렇게 말했다. "한국에서 온 '수종 사마'를 찾고 있습니다. '윤종 사마'가 1층에 있는 인포메이션 센터에서 기다리고 있습니다…." 몇 번 정도 반복했지만 기다려도 동생은 오지 않았다. 다친 것이 아닐까 걱정되어 자꾸만 밖으로 나가 있자 직원은 나에게 추우니 앉아 있으라고 말하며 "다쳐서 치료받고 있다면 직원들이 방송을 듣고 알려줬을 거예요."하고 웃으며 나를 안심시켰다.

도대체 동생은 어디에서 뭘 하느라 이 긴 시간 동안 내려오지 않고 있는 것일까? 그러다가 창밖으로 티켓 부스 앞에서 서성거리는 동생을 발견하고 데리고 왔다. 동생에게 방송을 들었냐고 물으니 "응, 근데 대체 어디로 오라는 말이었던 거야? 알아들을 수가 있어야지." 하고 웃는다. '인포메이션 센터'는 영어지만 일본식으로 발음하면 헷갈리게 들린다. '인호메-숀 센타'라고 들렸을 테니까.

동생을 데리고 방송을 해준 직원을 찾아가 머리를 꾸벅이며 인사했다. 직원은 찾아서 다행이라며 기뻐해 주었다. 친절한 사람이었다. 알고 보니 동생은 스키를 타다가 넘어져서 스키판이 발에서 빠져나왔고 경사진 곳에서 새로 장착하는 데 시간이 걸렸던 거였다.

장비를 모두 반납한 후 버스를 기다리는 줄을 섰다. 버스는 4시 30분에 출발하여 조잔케이 온천 마을을 지나 삿포로 시내로 향했다. 온

천을 즐기기에는 너무 늦은 시간 같아 삿포로의 숙소로 돌아가서 쉬기로 했다.

편의점에서 도시락을 사서 저녁으로 먹었다. 하루의 끝을 반가워하며 깊이 잠에 들었다.

식당가의 화재

다음날은 수요일로 수프 카레를 먹기 위해 삿포로역 지하 1층 식당가로 향했다. 식당에서 자리에 앉았는데 이상한 냄새가 났다. 안내 방송으로 "화재입니다. 지금 당장 대피해 주세요!"라는 음성이 반복적으로 들렸다. 직원들이 대피문을 손으로 가리키며 '저쪽으로 나가면 지상으로 올라갈 수 있어요'라며 급박한 표정으로 안내했다.

실제 집에 화재가 난 경험이 있어 화재 경보에는 공포를 느낀다. 동생과 후다닥 문을 향해 걸었다. 주위 다른 손님들도 대피하고 있었다. 지상에 올라가니 아무 일 없는 듯 평온했다. 방송 오류였을지도 모르니 확인하고 온다며 동생을 두고 다시 지하 1층으로 내려갔다. 자욱한 연기가 보였고 손님들은 더욱 빠른 걸음으로 문을 향해 걷고 있었다. 상점가 관리인으로 보이는 직원들이 여러 명 뛰어다니며 무어라 외치고 있었다.

나중에 뉴스를 보니 불이 난 곳은 처음 일본 삿포로역에 도착하자마자 식사했던 장소인 CURRY CLUB ONO라는 카레집이었다. 아쉽지만 일산화탄소를 마시면서 식사할 순 없었기에 식사 장소를 바꾸어 삿포로역 인근 식당에서 간단히 돈가스를 먹었다.

JR타워 전망대

삿포로역에는 JR타워 전망대가 있다. 삿포로역에 온 김에 38층 전망대에 올라가 삿포로 시내 구경하기를 그날의 하이라이트로 정했다. 수프 카레를 먹는 것은 실패했으나 전망까지 실패할 리는 없어 보

였다. 표를 사는데 직원이 '날씨가 좋지 않아 안개로 시야가 뿌옇습니다'라는 안내를 했지만 말이다.

38층을 빠르게 올라간 전망대는 커다란 창으로 둘러싸여 있었다. 평소에는 산도 보일만한 높은 장소였지만 산은커녕 가까이 있는 건물 몇 개만 간신히 보였다. '낮이라 그럴 거야. 밤이 되면 야경은 예쁘지 않을까?' 하는 실낱같은 희망으로 창가 자리에 앉아 해가 지기를 기다렸다.

카페에서 커피와 녹차 아이스크림을 시켰고 동생은 프라페를 주문해 먹었다. 일본에 와서 단 음식을 동생보다 더 즐길 수 있는 사람은

없을 것이다. 도대체 삿포로에 같이 안 왔으면 어쩔 뻔했는지!

전망대는 희망대로 해가 지자 건물의 불빛으로 아름다운 야경을 보여줬다. 사진과 영상을 열정적으로 찍었더니 피곤함이 몰려왔다. 해가 지기를 기다리며 동생은 책을 읽었고 나도 가방에 늘 가지고 다니는 셜록 홈스를 꺼내 읽었다. 야경에 대한 만족감을 서로 확인하고 '이제 갈까? 가도 되지 않을까?'라는 눈치를 서로 주고받은 후 1층으로 내려왔다. 많은 사건이 있었지만 후회 없는 하루였다.

로지우라 커리 사무라이 수프 카레 전문점

다음 날은 수프 카레 전문점 '로지우라 커리 사무라이'에 갔다. 체인점이라 삿포로 내에도 점포가 여럿 있지만 인기가 많았다. 스스키노 거리에 있는 사쿠라점을 찾았다. 사람이 많아서 조금 기다린 후에야 자리에 앉을 수 있었다.

삿포로에서는 항상 가게에 들어가기 위해 줄을 서서 기다려야 했

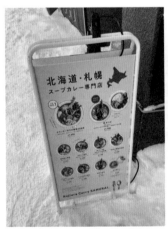

다. 평범히 가게에 들어가서 여유 있게 식사하고, 줄 서서 기다리는 뒷사람들의 눈치를 보지 않고 편하게 식사 시간을 보낸 후 자리에서 일어나는 게 그리워질 정도였다. 따끈한 수프 카레는 맛있었다. 밥과 함께 채소를 조금씩 잘라서 카레와 함께 먹었다.

무지카 홀 카페

식사를 마친 후 근처에 있는 무지카 홀 카페(Musica hall cafe)에 갔다. 이름처럼 밴드의 라이브 공연 무대로도 쓰이고 갤러리로도 활용하는 장소였다. 여행객보다는 현지인들에게 잘 알려진 곳 같았다. 작은 건물의 3층으로 올라가니 아름다운 공간이 나왔다.

사장님은 곱슬곱슬한 파마머리를 하고 있었는데 그것이 그의 트레이드 마크인 듯했다. 카페 주방은 유튜브로 실시간 방영을 하고 있었다. 라이브 공연의 무대로도 쓰이는 카페답게 실내 음악은 아름답고 편안했다. 가게 장식품도 모두 귀여웠다. 문 앞에는 오래된 피아노가 있었고 벽에는 바이올린과 기타가 걸려 있었다. 기타와 음표 모양의 장식도 천장에 둥둥 매달려 있어 하늘에 음표가 떠 있는 것처럼 보였다. 커다란 창문으로는 흩날리는 눈송이들이 보였다. 손님은 아무도 없었다. 삿포로에서 웨이팅이 없는 공간은 거의 처음이었다.

카페에서 동생은 프라페를, 나는 커피와 치즈 케이크를 주문했다. 치즈 케이크는 한 입만 먹고 동생에게 양보했다. 슬슬 단 음식이 물렸기 때문이다. 동생은 전혀 질리는 기색 없이 행복하게 디저트를 즐겼다.

커피 맛은 평범했다. 일본에서 아직 맛있는 커피를 마신 적이 없었다. 신맛이 강한 커피가 주를 이룬다. 산미를 좋아하지 않는 나는 일본의 신맛 나는 커피가 힘들다. 커피 맛과는 별개로 공간이 아름다운 카페였다. 음악이나 예술을 좋아한다면 마음에 드는 공간일 것이다.

삿포로 국제 스키장
Sapporo Kokusai Ski Resort

최고의 파우더 스노우를 즐길 수 있는 스키장으로 조잔케이 온천과 약 19km 떨어져 있다. 스키 시즌에는 삿포로역에서 출발하는 무료 버스를 운행한다. 아이들이 썰매를 탈 수 있는 스노 파크, 미니 스노모빌, 튜브를 타고 놀 수 있는 스노 타운 구역이 있어 가족이 함께 즐기기에도 좋은 장소다.

주소 937 Jozankei, Minami Ward, Sapporo, Hokkaido 061-2301 영업시간 09:00~17:00 (토일은 08:30 부터) 기상 상황에 의해 영업시간이 변경될 수 있으니 사전 체크 필수 홈페이지 https://www.sapporo-kokusai.jp/

무지카 홀 카페
Musica hall cafe

음악 공연과 예술 작품을 즐길 수 있는 카페다. 어쿠스틱 밴드의 라이브 공연이 열리기도 하고 그림을 전시하는 갤러리로도 변신한다. 예술가들이 아이디어를 공유할 수 있는 장소가 되기를 바라는 마음으로 지어진 곳이다.

주소 3F Choei Bldg., Minami 3-Jo Nishi 6-chome 10-3, Chuo-ku, Sapporo 영업시간 11:30~21:00 정기 휴무일 월요일 홈페이지 http://www.musica-hall-cafe.com/ 연락처 011-261-1787

눈송이가 떨어지는
노천탕에서 온천을 즐기다

조잔케이 온천 마을 / 누쿠모리노야도 후루카와 료칸

동생이 귀국하기 이틀 전, '온천에 못 간 게 아쉽다'라는 말을 했다. 언니로서 동생의 소원을 들어주고 싶은 마음이 컸기에 인터넷을 온통 뒤져 정보를 찾아냈다. 지난번 스키장에 간 날, 원래는 근처 온천까지 함께 가려고 계획했었다. 하지만 막상 스키를 타고 난 후 온천 마을에 들렀다 돌아가려니 시간이 애매할 것 같아 바로 삿포로 시내로 돌아왔다. 삿포로 국제 스키장과 조잔케이 온천 마을은 버스 한 정거장 정도로 가까운 편이지만 도보로 가기에는 무리가 있어서 버스나 차로 가야 한다.

하루 전날에 예약하려니 조잔케이 온천 마을로 가는 버스 좌석은 모두 매진이었다. 포기할까도 했지만 동생이 어떤 정보를 찾아냈다. '갓파 라이너' 셔틀버스는 예약을 꼭 해야 하지만 지역 버스를 타고 가면 좌석에 앉는다는 보장은 없어도 서서라도 갈 수는 있단다. 단 그게 75분의 긴 여정이라는 것은 조금 문제였다.

아침 이른 시간, 스스키노 거리에 있는 정류장에 서서 버스를 기다렸다. 우리 뒤로도 길게 줄을 섰다. 예정된 시간에 '갓파 라이너'라는 문구가 적힌 셔틀버스가 왔다. 혹시나 예약하지 않은 사람도 탈 수 있을까 기웃거리며 직원에게 물어보았지만 단칼에 거절당했다.

뒤에 서 있던 사람들이 예약 정보를 인쇄한 하얀 종이를 보여주며 차례차례 탑승했다. 계획이 단단히 허술했던 우리의 실패였다. 그래도 지역 버스가 있어서 다행이었다.

나와 비슷한 처지의 외국인 관광객 두 명이 다른 사람과 하는 대화가 뒤에서 들렸다. "저희는 도쿄에서 유학하는 유학생인데 삿포로 눈 축제를 보러 왔어요." 나도 도쿄에서 유학한 적이 있는데, 하고 괜한 동질감이 들었다. 오랜 기다림 끝에 버스가 왔다. 꽉 찬 버스에 빈자

리가 없어서 서서 가야 했다.

한 시간쯤 지났을까? 조잔케이 온천 마을에 도착한 듯한데 어디에서 내려야 할지 감이 오지 않았다. 버스에 있는 사람들이 하나둘 하차하고 지도를 보던 우리는 아무 온천이나 가자는 마음으로 무작정 어느 정거장에 내렸다. 차갑게 흩날리는 눈송이가 우리를 맞아주었다.

예약하지 않고 찾아간 첫 번째 호텔은 '당일 온천은 현재 하고 있지 않는다'라며 정중한 태도로 문전박대를 했다. 두 번째로 찾아간 호텔에서는 프런트에 있던 한 여자 직원이 '당일 온천 개방은 2시부터'라는 이야기를 해주기에, '그러면 2시에 다시 올게요'라고 말했다. 그러자 그녀는 당황하더니 지도를 꺼내며 '제대로 된 온천을 즐기시려면 이 구역으로 가보라'며 손가락으로 짚으며 친절히 설명해 주었다. 동생은 상냥한 그녀의 도움에 감동한 듯했다. 지도를 따라 눈보라를 헤치며 가는 길은 도로 공사 중이었다. 다행히 조금 돌아가니 통행은 가능했다.

누쿠모리노야도 후루카와 료칸

아침부터 꽤 우여곡절과 악운을 경험해서 어떤 온천을 들어가도 불만이 없을 상태가 되었다. 조잔케이 온천 마을의 제대로 된 구역에 새롭게 다다른 우리는 버스 정류장에서 사람들이 우르르 내리는 것을 보며 '아까 잘못 내려서 괜히 먼 길을 돌아왔구나'하는 사실을 그제야 깨달았다. 동생의 무던함에 때로 감사하다. 성급한 성격의 나는 빨리빨리 결정하고 해치워야 속이 후련한 탓에 자주 실수를 저지른다. 동생은 나의 실수로 인해 불편을 겪어도 불평 한마디 하지 않고 '어쩔 수 없지, 뭐.' 하며 눈감아 준다. 이젠 해탈한 걸까?

우리가 마지막으로 문을 두드린 곳은 '누쿠모리노야도 후루카와 (ぬくもりの宿 ふる川) 료칸'이었다. 100년의 역사를 가진 전통 일본 가옥과 이시구라 창고를 옮겨 지어 완성된 료칸이다. 입구 쪽에서 바라본 외관이 일본식 전통 건축 분위기라 첫눈에 호감이 갔다. 인포메이션에서 직원에게 (이제는 거의 구걸하듯이) 당일 온천이 가능한지 물었다. 직원은 3시까지 가능하다며 신청서를 작성하게 했다. 현재 머무는 호텔의 이름과 주소를 적고 3천 엔을 지불한 후 수건을 받고 입장할 수 있었다. 1인 1,500엔으로 예상보다는 저렴했기에 안도했다.

마침내 온천에 들어갔을 때의 시간은 오후 1시였다. 아침 8시에 일어나 9시 반부터 버스를 기다리고 10시 40분부터 12시까지 버스를

타고 온천 마을에 도착해 한 시간가량을 눈 속에서 헤맨 셈이다. 먹은 것은 일절 없어 배는 고팠지만 시간이 많지 않았기에 온천욕을 먼저 즐기기로 했다.

온천은 실내와 실외로 나누어져 있었지만 입장할 당시에는 그걸 몰랐다. 샤워를 하고 대욕장 안으로 들어갔다. 커다란 창

을 통해 땅과 자연을 바라볼 수 있어 실내지만 자연 속에서 온천욕을 하는 기분이었다.

흐린 하늘 아래 눈송이가 뚝 뚝 떨어지고 있었고 정원 가득히 심어진 소나무 위로는 뽀얀 눈이 소복이 쌓여 있었다. 동생과 나란히 앉아 물 밖으로 얼굴만 빼꼼 내밀고는 도란도란 이야기를 나눴다.

"좋다."

"진짜."

"근데 여기는 노천탕이 없나 봐. 아쉽다. 그치?"

"그러게. 그래도 이게 뭐 노천탕이지. 창밖으로 눈 내리는 것도 다 보이는데."

"너 진짜 긍정적이다. 어, 잠깐만. 저거 뭐야? 노천탕 아냐?"

"어디?"

투명한 창 바깥으로 무언가 온천 같은 공간이 보였다. 뿌연 수증기 탓에 잘 보이지 않았다. 동생에게 '잠깐만 다녀올게'라고 말하고는 곧장 걸어가 확인해 보았다. 그러자 바깥으로 나갈 수 있는 문이 있었다. 문을 열자 자그마한 노천 온천이 보였다. 동생을 급하게 불렀다. 동생은 깜짝 놀란 표정으로 뒤따라왔다.

노천탕은 실외에 목욕 시설을 갖추어 놓은 온천으로 외부의 자연 경관을 즐기며 차가운 공기를 느끼며 온천욕을 할 수 있다. 지붕 없는 곳에서 뜨끈한 물에 몸을 담근 채 고개를 들어 떨어지는 눈송이들을 보았다. 얼굴은 시원했고 몸은 따뜻했다. 동생도 나도 노천 온천은 처음이었다. 주위에는 사람도 많이 없었다. 동생과 가만히 누워 차가운 눈송이를 손으로 받아보기도 하고 뜨거운 물 속에 몸을 푹 담그며 온천을 즐겼다. 행복해 보이는 동생을 보니 안도감이 들었다. 하지만 시간이 흐름에 따라 점점 어지러워지는 것이 탈수 증상 같았다.

물가에 걸터앉아 있다가 현기증이 심해져 동생에게 먼저 나간다고 말하고 서둘러 탈의실로 갔다. 옷을 갈아입은 후 물을 벌컥벌컥 들이마셨다. 마셔도 마셔도 목이 마르고 기운이 없었다. 점점 물배가 차는 게 느껴질 때쯤 기력이 조금 회복된 듯했다. 탈수가 아니라 빈혈이었는지도 모른다. 동생은 전혀 문제가 없어 보였다. 느긋하게 나와서는 여유롭게 나갈 준비를 했다.

탈의실 한구석에는 마사지 기계도 놓여 있어 몸의 피로를 제대로 풀고 나올 수 있었다. 등에 전해지는 자극으로 굽어진 어깨와 등이 조금 펴지는 듯했다. 당일 온천은 오후 3시까지였기에 직전에 그곳에서 나왔다.

온천을 나오자마자 확인하러 간 것은 버스 정류장에 놓인 시간표였다. 삿포로 시내와는 한 시간 정도 떨어져 있는 마을이라 버스를 타지 않고서는 돌아갈 방법이 없다. 버스는 우리의 기대처럼 5분에 한 번씩 오지는 않았다. 한 시간에 한두 대 정도였다. 시간표를 보니 3시 55분 삿포로행 버스가 있었다. 50분 동안을 버스 정류장 앞에서 거센 눈을 맞으며 서 있기는 조금 힘들어 보였다. 애매하게 남은 시간을 보내러 근처 기념품 가게에 들어갔다. 안에는 예스러운 찻집도 하나 있었다. 여전히 목이 말랐던 나는 커피를 한 잔 시켰고, 그동안 먹은 게 하나도 없다는 걸 깨닫고는 당고와 만주도 함께 주문했다.

동생은 음료는 시키지 않고 당고를 먹었다. 일본 당고는 소스가 올려진 말랑한 떡이 서너 방울 정도 꼬치에 꽂혀 있다. 일본 유학 시절, 당고를 처음 먹었을 때의 배신감을 잊지 못한다. '당고는 애니메이션에서 표현되는 것보다는 훨씬 맛없는 것'이라는 이미지가 확 박혀있었다.

하지만 조잔케이 온천 마을의 기념품 가게 안 찻집에서 먹은 당고는 그 이미지를 완전히 파괴했다. 한 입 베어 물자마자 입안에서 사르르 녹는 식감이 일품이었다. 배는 고프고 당고나 만주 외 다른 먹거리가 없었기에 단순히 배를 채우기 위해 주문한 당고였는데 맛이 너무 좋았던 것이다. 동생에게는 '그동안 내가 맛없는 당고만 먹어왔나 봐' 하며 당고는 맛없다고 미리 겁을 준 것에 대해 사과했다.

조잔케이 온천 마을에서 버스를 타고 삿포로 시내로 돌아오는 한 시간가량도 내내 서 있어야 했다. 버스 안에는 사람이 많았다. 돌아오는 길의 버스 안에서는 어쩐지 목욕탕 냄새가 났다. 모두가 목욕을 끝내고 뽀송뽀송해진 채 돌아가는 것이라 생각하니 웃음이 났다.

조잔케이 온천
定山渓温泉

20여 개의 료칸이 옹기종기 모여 있는 홋카이도 최대 온천 마을이다. 1866년 온천수의 치유 효능으로 명성이 시작되었다. 조잔케이의 상징적 마스코트인 귀여운 물의 요괴, 초록색 얼굴의 갓파 캐릭터를 곳곳에서 볼 수 있다. 기념품 가게에서 갓파 캐릭터가 그려진 과자도 판매되고 있다. 삿포로역에서 기차로는 이동할 수 없고 버스나 자동차를 타야 한다. 갓파 라이너 셔틀버스를 타면 75분 정도 소요되지만 반드시 예약하고 탑승해야 한다. 조잔케이 온천 근처에 있는 삿포로 국제 스키장에서 스키와 스노보드를 즐긴 후 온천마을에 들리는 일정도 가능하다.

조잔케이 온천 공원
定山源泉公園

조잔케이 온천 마을 주위에 작게 조성된 공원
주소 北海道札幌市南区定山渓温泉東 3 丁目

누쿠모리노야도 후루카와
ぬくもりの宿 ふる川

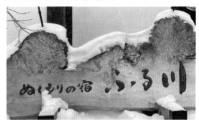

조잔케이 온천 마을에 있는 전통 료칸이다. 숙박시설을 이용하지 않고도 당일 온천을 즐길 수 있지만 예약하거나 문의한 후 방문하는 것이 좋다. 예약하면 삿포로 시내에서 무료 셔틀버스를 이용할 수 있다.
주소 北海道札幌市南区定山渓温泉西 4 丁目 353 홈페이지 http://www.yado-furu.com/

정교한 눈꽃 조각의
길을 따라

삿포로 눈축제

　3년 만의 눈축제였다. 코로나로 잠시 주춤했던 해외 관광객들이 물밀듯이 밀려 들어왔다. 오도리 공원의 TV타워를 둘러싸고 축제와 이벤트가 진행되고 있었다. 스스키노 거리에도 반짝이는 얼음 조각들이 각각의 자태를 뽐내고 오도리 공원에는 눈 조각상들이 줄을 지어 전시되고 있었다. 카메라를 들고 사진을 찍는 외국인 할아버지, 아이들과 함께 방문한 일본인 부부, 커플 등 모두 밝은 표정으로 눈 조각을 관람하며 걸음을 이었다.

　눈축제, 유키마츠리가 시작되는 날이다. (2023년 눈 축제 기간은 2월 4일~2월 11일이었다) 두근거리는 마음 반, 저녁에 있을 수업을 생각하면 오래 놀 수 없어 아쉬운 마음 반이었다. 동생이 출국하기 전날이기도 했다. 함께 자유롭게 보낼 수 있는 마지막 하루였다. 점심에는 동생이 찾아낸 유명하다는 라멘집에 갔다.

'에비소바 이치겐'은 여행 책자에 종종 등장해 본 적 있는 곳이었다. 에비(새우)라는 말처럼 새우로 육수를 낸 라멘이다. 일본, 특히 삿포로에서 먹는 음식은 대부분 맛있었고 편의점 도시락도 맛있기에 굳이 온 국민이 다녀온 맛집에 가야 할까 하는, 여행 책자에서 추천해주는 맛집에 대한 의문은 항상 있었다. 가장 실망감을 느끼는 때는 신나게 식당 앞에 도착했는데 웨이팅 줄을 마주하게 되는 순간이다.

앞서도 언급했지만 홋카이도에서는 웨이팅 없이 밥을 먹은 적이 거의 없는 것 같다. 에비소바 이치겐에서도 정확하게 1시간을 기다리고 나서야 자리에 앉을 수 있었다. 라멘은 해산물의 향이 너무 진했다. 내 취향과는 거리가 멀었고 오히려 사이드 메뉴로 주문한 교자가 맛있었다. 동생을 봐도 좋아하는 눈치는 아니었다. 아쉬움을 토로하자 동생은 '그래도 경험해봤으니 후회는 없어'라는 제법 멋진 말을

남겼다.

삿포로 눈축제의 시작을 알리는 흔적이 곳곳에 보였다. 오도리 공원에 도착하니 TV타워 앞으로 작은 마켓들이 옹기종기 모여있었다. 눈과 얼음으로 조각된 성과 동물, 캐릭터들이 공원 가득 이어졌다. 축제 전에는 네모난 모양이던 조각들이 어느샌가 아름답고 귀여운 형태로 조각된 것을 보니 신기하고도 즐거웠다. 구경하는 인파에 자연스럽게 합류했다. 눈축제는 삿포로 여행의 가장 큰 이유이자 계기였다. 중학생 때부터 꿈꿔온 눈축제를 마침내 실제로 보는 순간이었다.

그러나 저녁 수업을 위해 귀가해야 했고 시간을 많이 들여 구경할 수 없었다. 동생을 혼자 구경하게 두고 먼저 숙소로 돌아와 일을 했다. 미안한 내 마음을 녹이듯 동생이 샌드위치를 들고 돌아왔다. '수업 끝나면 배고프잖아'라고 말하고는 시크하게 돌아서는 동생에게

고마운 마음이 가득 차올랐다. 눈축제는 다음날 동생을 공항으로 배웅한 후 혼자 다시 구경했다. 떠들썩한 축제 분위기에 혼자 걸어 다니며 구경하는 것은 별로 재미있지 않았다.

동생의 귀국 날인 다음 날, 지난밤 샌드위치를 사다 준 사랑스러운 동생을 혼자 보낼 수는 없었다. "데려다줄까?" 동생은 의도적으로 귀엽게 "응!"하고 말했다. 공항까지 가는 길은 간단해서 삿포로역에서 쾌속 에어포트 열차를 타면 된다. 동생을 데려다준 날은 돈을 아끼려고 편의점 음식만 먹었다. 평소보다 소비가 심한 날은 의식적으로 다른 부분에서 절약하려고 노력한다. 일본의 편의점 음식은 저렴하고도 맛있으니 얼마나 다행인지 모른다.

삿포로 신치토세 공항은 도쿄의 하네다나 나리타 공항보다 시설이 좋고 식당이나 상점이 많다. 공항이 아니라 백화점이나 쇼핑센터처

럼 느껴지기도 한다. 선물 가게나 기념품 가게도 많아서 공항에서 물
건을 구매하는 사람도 많다. 동생을 출국장으로 보내고 공항에 발만
찍고 가는 것은 허무하다 느껴졌다. 디저트 카페인 르타오에서 소프
트콘을 하나 사 먹었다. 달고 맛있었지만 동생의 부재가 느껴져 조금
외로워지기 시작할 때쯤이었다. 동생에게 아이스크림 사진을 찍어
메시지를 보냈다. 곧이어 답장이 왔다.

동생도 입국장에서 아이스크림을 하나 사 먹었다고 한다. 누가 자
매 아니랄까 봐, 하는 행동들이 어쩔 땐 쌍둥이 같다. 같은 말을 들으
면 똑같은 노래를 동시에 흥얼거리는 능력 같은 게 발동되었나 보다.

동생과 나카지마 공원 근처에서 지내던 때가 그립다. 높은 호텔 창
에서 보이는 공원 풍경은 아름다웠으며, 주변 풍경도 평화로웠다. 운
이 좋을 때는 야생 여우도 만났으니 말이다.

새로 지내게 된 숙소는 전혀 달랐다. 체인점이었는데 방은 좀 좁아
도 깔끔했다. 위치가 문제였다. 스스키노라는 유흥가 외곽에 있는 곳
이다 보니, 걷는 내내 여자나 남자 호스트가 진한 화장을 하고 화려한
포즈로 폼을 잡고 있는 간판을 보아야 했다.

스스키노는 오도리 공원이나 삿포로역과도 가깝고 나카지마 공원
과도 도보로 10분 정도의 거리라 여행 계획을 세울 때는 최상의 위치
라고 생각했다. 하지만 다른 곳으로의 이동이 편리할 뿐 장소 자체가
좋은 것은 아니었다. 가부키초(클럽과 바가 줄지어 있는 도쿄의 유흥
가)와 비슷한 곳이라는 것은 나중에야 알았다.

아름다운 설국 홋카이도에서의 한 달
내 인생의 하얀 축제

3장 샷포로에서 바닷길 따라 오타루까지

나 홀로 내 취향 따라
삿포로 탐험

수프 카레집 라마이 / 타누키코지 상점가 / 커피 앤 초콜릿 마리

Not all those who wander are lost.
방황하는 모든 사람들이 길을 잃은 것은 아니다
- J.R.R. Tolkien

삿포로를 걷다 보면 이 도시가 의외로 작다고 생각하게 된다. 처음 삿포로에 왔을 때는 모든 것이 낯설었다. 길을 찾느라 시간을 허비하고 걷고 걸어도 거기가 거기 같았다. 바둑판처럼 생긴 도시 스타일이 나를 더 힘들게 했다. 길 찾기를 좋아하는 편인데도 삿포로는 길을 외우기가 너무나 어려운 곳이었다.

하지만 약 2주 정도 지날 즈음, 그제야 어디가 어딘지 눈에 들어왔다. 이런 것이 한 달 살기의 묘미가 아닐까? 처음에는 낯설기만 하던 장소가 시간이 지날수록 편안해지는 기분은 조금 길게 머무르는 여

행자에게 이 도시가 주는 선물 같은 위안이었다.

동생과 함께 지내던 나카지마 공원 근처는 삿포로의 중심에서 가장 먼 곳이다. 삿포로역이 있는 곳이 북부, 나카지마 공원이 있는 곳이 남부다. 그 사이에는 오도리 공원과 스스키노 거리가 있다. 가장 활기찬 곳은 어쩌면 스스키노 거리일지도 모른다. 밤에는 유흥가로 눈 둘 곳이 없는 화끈한 분위기지만 말이다. 오도리 공원에는 TV타워를 중심으로 뻗어나가는 길 위에 여러 백화점과 쇼핑센터, 식당들이 골목마다 가득하다.

이 모든 길을 지하도로 이동 가능하다는 것도 조금 늦게야 알게 된 사실이다. 삿포로역부터 스스키노 거리까지 북에서 남으로 이어진 지하 보행 공간이 있다. 지하도는 지하철역과도 이어져 있고 카페와 식당, 상점들로 가득 차 있으며 이벤트와 예술 작품의 전시회도 열리

는 매력적인 곳이다. 눈이 오더라도 맞지 않고 눈길이 아닌 길을 편안하게 걸을 수 있다. 지하도를 걷다가 위를 올려다보면 어떤 천장에는 투명한 창이 있어서 눈이 낙하하는 하늘이 보인다. 날이 좋으면 창으로 들어오는 햇빛도 참으로 아름답다.

삿포로는 계획도시답게 공간마다 효율성이 극대화되어 있다. 오도리 공원과 스스키노 거리 사이에는 지붕으로 덮인 아케이드 상점가가 있다. 타누키코지 상점가라고 불리는 그 길은 너무나 길어서 한 번도 끝에서 끝까지 한 번에 가본 적이 없다. 지붕 덕분에 눈이 올 때도 상점가로 걸으면 눈을 피할 수 있다.

숙박하는 호텔에 따라 다르겠지만, 삿포로에서는 눈이 휘몰아치는 날씨에도 잘만 걸으면 눈 한 방울 안 맞고도 목적지에 도착할 수 있다. 호텔 입구부터 이어지는 지하도로 이동하다가 지상으로 빠져나

와 바로 지붕으로 덮인 타누키코지 상점가로 간다면 말이다.

겨울에는 거의 매일 눈이 오는 삿포로에 있다 보니 나중에는 길을 외워서 지하도에서 바로 타누키코지로 나오는 출구로만 다니게 되었다. 우산도 쓰지 않고 모자만 뒤집어쓰고 다녔지만 지하도로, 또 타누키코지 안에서만 이동하니 눈을 맞을 일도 거의 없었다.

동생은 귀국하고 남자친구는 아직 오기 전인 혼자서 보내는 단 하루, 자유의 날이었다. 새로 옮긴 숙소에 적응하며 스스키노 거리를 조금 걸었다. 한적하고 평화로웠던 나카지마 공원 주변과는 전혀 다른 분위기였다. 시끌벅적하고 관광객도 훨씬 많았다. 스스키노 거리에서 오도리 공원까지는 순식간이다. TV타워 앞으로 쭉 이어진 눈 조각상들을 보며 눈축제 구경을 한 후에 수프 카레집 하나를 찾아가기 위해 걷고 있었다.

수프 카레집 라마이

삿포로에 오고 나서 내내 모든 것을 함께 한 동생이 없으니 쓸쓸하고 심지어는 울적한 마음도 들었다. 눈 속을 걸어도 신나지 않았다. 주변은 눈축제를 구경하는 사람들로 북적인다. 혼자 다니는 것을 좋아하는 성격인데도 그날은 왜인지 점점 초라해지는 마음이 들었다. 마주치는 광장마다 일어나는 다양한 이벤트를 멀리서 구경하고, 거대한 눈 조각상을 홀로 지켜보며 급속도로 외로워졌다. 뜨끈한 국물이 필요했다.

삿포로의 명물, 수프 카레를 그동안 여러 번 시도했지만 아직 최고의 맛이라고 느낀 것은 없었다. 사실 외로웠던 마음 탓만은 아니었다.

인도풍 인테리어의 수프 카레 식당 '라마이'에 갔다. 잠시 기다린 후 자리에 앉았을 때 카레가 맛있기를 바라지도 않았다. 그저 기대만큼만 나오기를 바랐다. 그러나 수프 카레는 기대를 초월하는 맛이었다.

수프 카레의 따뜻하고 매콤한 국물이 마음을 녹였다. 스트레스가 확 달아났다. 초라해진 마음 탓에 지친 머리카락도 생기를 되찾는 기분이었다. 여러 종류의 신선한 채소가 국과 잘 어우러져 있었다. 숟가락으로 살살 잘게 잘라서 밥과 함께 한입에 먹었다. 부드러운 닭고기는 물론이고 브로콜리 튀김의 아삭한 식감이 카레 국물에 적당히 녹아서 조화로웠다. 고맙고 따뜻한 맛이다. 직원들도 친절해서 더욱 마음이 편해졌다.

타누키코지 상점가에서의 뜻밖의 만남

수프 카레집 라마이를 나와 타누키코지 상점가로 갔다. 눈을 피할 겸 아케이드 안으로 걸었다. 오래된 상점이 많아 구경하며 걷다가 한 레코드 가게 주위로 촬영을 하는 검은 코트의 무리를 발견했다. '일본 드라마 촬영이라도 하나?' 시큰둥하게 지나쳤다.

알고 보니 일본이 아니라 한국 방송이었다. 평소에 좋아하던 가수들이 가게 안에 있었다. 심지어 촬영하던 무리 중에는 존경하던 PD님도 있었다. 아니, 삿포로 한복판에서 한국 연예인과 방송인을 보게될 것이라고 누가 상상이라도 했겠는가!

2022년 여름, 런던에서 케이팝 페스티벌에 갔을 때 한국 아이돌과 우연히 거리에서 마주친 적이 있었다. 사인도 받고 대화도 주고받았다. 정말 고맙고 즐거웠던, 잊을 수 없는 경험이었다. 그해 여름, 영국에서 귀국한 직후였다. 밥 먹으러 들어간 식당에서 배우 세 명이 옆 테이블에 앉아 먼저 말을 걸어 준 적이 있다. 우리 일행에 외국 사람이 있었는데 영어로 대화를 해보고 싶었던 것 같다. 우리는 와인도 '짠'하고 나눠 마시고 SNS 계정 맞팔(서로 팔로우하는 것)도 하며 친구가 되었다.

평범한 일상에 가끔 이렇게 텔레비전에서만 보던 사람들이 현실에 나타나는 순간이 있다. 최근에는 대학원 수업을 듣고 동기들과 정문을 빠져나오던 중 아이돌 두 명과 인터뷰를 한 적도 있다. 현실감각이 살짝 사라져서 거의 꿈처럼 느껴지는 멍한 기분으로 대화를 나누었다.

그러니, 홋카이도 삿포로 한복판에서 타누키코지 상점가를 걷다가 정면으로 걸어오는 코미디언 한 명을 보았을 때의 내 기분은 충격과 놀람 그 자체였다. 가장 좋아하는 프로그램에 출연하는 사람이었기에 순간 너무 놀라고 반가워서 나도 모르게 이름을 내뱉기도 했다.

그를 둘러싼 세 명의 카메라맨과 작가거나 피디로 추정되는 사람이 그와 함께 빠르게 스쳐 지나갔다. 스토커처럼 뒤돌아서 쫓아가고 싶지는 않아 천천히 걸으며 혹시 다른 사람도 나타나지 않을까 기대해 보기만 했다.

'어쩌면 아까 그 레코드 가게에 있던 사람들도 한국인이었을까?' 궁금했지만 뒤쫓아가지는 않았다. 바쁜 일정이 있었던 것도 아니지만 촬영에 방해가 되는 이상한 사람이 되고 싶지 않았다. 그동안의 연예인과 관련된 나의 운과 일화를 생각해 보면 인사를 주고받거나 대화를 나눠보는 행운도 조금 있을 법한데, 아쉽게도 그게 끝이었다.

한동안 왜 그 사람들이 홋카이도에 있었을까 궁금했는데 텔레비전에서 그가 등장하는 홋카이도 여행 프로그램을 방영하는 것을 보니 너무나 반가웠다. "저기에 나도 있었는데!"라는 말을 친구들을 볼 때마다 했다.

그날은 사실 혼자만의 자유로운 날이라기엔 쓸쓸하고 재미없는 하루였는데, 외로웠던 하루를 환하게 밝히는 그런 경험이었다.

눈축제로 떠들썩한 오도리 공원에서도 연인이나 가족과 함께인 다른 사람들을 보며 부럽기도 하고 위축된 마음이 들었다. 혼자 수프 카레를 먹고 타누키코지 상점가 안을 걸으면서도 조용히 커피나 마시고 집에 가자는 생각뿐이었는데, 한국 코미디언의 등장으로 그날 하루가 180도 달라졌다. 그는 아무 생각 없이 촬영이라는 자기 일에 집중하고 있었을 뿐이겠지만, 평소 그를 좋아했던 내게는 뜻밖의 장소에서의 단순한 지나침도 잊지 못할 신선한 기쁨이었다.

커피 앤 초콜릿 마리

들뜬 마음을 가라앉힐 겸, 스스키노 거리에 있는 달달한 초콜릿과 커피를 파는 차분한 분위기의 카페를 찾았다. 초콜릿과 커피 전문점 '커피 앤 초콜릿 마리'였다. 엘리베이터를 타고 2층에 올라가자 직원이 카운터석으로 안내했다. 메뉴를 보고 꽤 높은 금액에 깜짝 놀랐다.

커피 한 잔에 거의 만 원 정도였고 초콜릿 전문점이니 초콜릿도 주문하지 않을 수 없었는데 그 또한 아주 작은 조각에 5천 원 정도였기에 갑자기 부담스러워졌다.

혼자만의 하루는 그날뿐이었다. 마음껏 즐기고 집에 돌아가서 저녁은 값싼 편의점 샌드위치를 먹자고 다짐하고 호기롭게 커피와 초콜릿을 함께 주문했다.

엉뚱하게도 직원은 다소 어설픈 행동으로 실수를 하며 여러 번 '죄송합니다'를 반복하며 눈치를 봤다. 쟁반을 떨어트린다거나 커피를 끓이는 중에 전화를 받느라 끓이던 커피를 버리고 처음부터 새로 하면서 말이다. "괜찮아요"라고 말하며 애써 시선을 허공에 던져야 했다.

분위기는 조용하고 인테리어도 예뻐서 공간 자체는 마음에 들었던 귀여운 곳이다. 내가 간 곳은 히가시점(東店)이었고 본점이 따로 있었다. 다음에 홋카이도에 갈 때는 본점도 한번 가보고 싶다. 오랜 기다림 끝에 나온 초콜릿은 평범했지만 커피는 정말 맛있었다. 따뜻한 커피와 초콜릿의 조화는 두말할 것 없이 잘 어울렸다.

라마이 삿포로 중앙점
ラマイ 札幌中央店

홋카이도의 대표 음식인 수프 카레 전문점이다. 강한 향신료와 다양한 채소가 함께 어우러져 좋은 맛을 낸다. 삿포로 스스키노 역에서 도보로 이동가능한 거리다. 일본풍도 아닌 이국적인 분위기의 식당으로 테이블이 대부분 칸막이로 가려져 있어 프라이빗하게 식사를 할 수 있다.

주소 Hokkaido, Sapporo, Chuo Ward, Minami 4 Jonishi, 10 Chome-1005-4 コンフォモール札幌 1F 영업시간 11:30~23:00 홈페이지 http://www.ramai.co.jp/

타누키코지 상점가
狸小路商店街

삿포로 중심부인 오도리 공원과 스스키노 사이의 번화한 상점가로 동서로 1km에 걸쳐 있다. 타누키코지는 '너구리 골목'이라는 뜻이다. 1869년 메이지 정부가 삿포로에 홋카이도 개척사를 두자 현재 타누키코지 주변에 상점과 식당들이 생기기 시작했다. 지붕으로 둘러싸인 쇼핑 아케이드로 눈이 많이 내려도 편안하게 둘러볼 수 있다. 아주 오래된 가게부터 새 가게까지 여러 시대가 공존해 있다. 드러그 스토어와 돈키호테, 노래방, 술집, 카페, 식당, 호텔 등이 있어 쇼핑하기 좋은 활기찬 거리다.

주소 Hokkaido, Sapporo, Chuo Ward, 南2·3条西 1~7丁目 홈페이지 https://tanukikoji.or.jp/ 연락처 011-241-5125

커피 앤 초콜릿 마리 (히가시점)
coffee&chocolate Marley(東店)

스스키노에서 달콤한 초콜릿과 진한 커피를 함께 즐길 수 있는 분위기 좋은 카페다. 커피에 대한 자부심과 고집이 있는 곳이니만큼 가격은 다소 비싼 편이다. 어두운 조명 덕분에 칵테일바 같기도 하다.

주소 Hokkaido, Sapporo, Chuo Ward, Minami 4 Jonishi, 2 Chome-8-9 リディアビル 2F 영업시간 15:00~02:00 홈페이지 https://www.instagram.com/coffee.chocolate.marley/

삿포로의 상징,
콧수염이 난 붉은 탑

삿포로 시계탑 / 카페 로크포르 / 삿포로 TV타워

삿포로에 온 지 약 2주가 지났다. 길 찾기는 선수가 되었고 마음만은 이미 삿포로 주민이 되어 있었다. 모르는 사람이 '삿포로역에 가려면 어떻게 해요?'라고 물으면 자연스럽고 친절하게 대답해 주는 경지에 이르렀다.

영국에서 남자친구 알렉스가 입국했다. 그와 함께 밤의 눈축제를 구경하러 오도리 공원으로 갔다. 혼자서 걷던 때와는 다르게 신이 났다. 삿포로의 밤길을 걷는 것은 위험하니 조심하라는 주의를 들은 적이 있다. 중심가에서 조금만 벗어나도 가로등이 띄엄띄엄 있어서 거리가 어둡다. 알렉스와 함께일 때는 치안에 대한 걱정은 조금 덜었다. 그는 거리에 눈이 많이 녹아 있어 실망하는 눈치였다. 삿포로는 눈이 녹았나 싶어도 어느 순간 보면 다시 펑펑 눈이 쏟아지니 걱정할 필요는 없었다.

삿포로 시계탑

다음 날 아침, 오도리 공원에서 눈축제 조각상들을 한 번 더 구경했다. 밤의 조명으로 빛날 때와는 다른 분위기다. TV타워를 곁눈질로 보고 시계탑을 찾아갔다. 시계탑은 동생과의 방문에 이어 두 번째였다. 알렉스와 함께 있을 때는 동생과 있을 때보다 주변 사람들에게 더 많은 관심을 받는 듯했다. 누가 봐도 외국인이라서 그런가?

시계탑에 입장한 후 1층 박물관을 구경하던 중이었다. 자원봉사 안내자로 보이는 할아버지가 다가와 영어로 말을 걸었다. "Where are you from? (어디에서 왔어요?)" 인자한 미소의 할아버지는 나와 알렉스에게 번갈아 가며 일본에 뭐 때문에 왔는지, 고향이 어디인지 등을 물었다. 우리는 영어와 일본어를 섞어 가며 대답했다. 일본어로 대화하는 것이 오랜만인 알렉스는 정성껏 일본어로 대답했지만 할아버지는 영어로 대화하고 싶은 눈치다.

시계탑 2층으로 올라가자 이번에는 또 다른 할아버지가 말을 걸었다. 아까와 비슷한 질문에 같은 대답을 했다. 알렉스의 대학 전공까지 물어보는 할아버지에게 그는 '일본학과 스페인학(Japanese and Spanish)' 전공이라는 학부 전공을 이야기했다. 그는 일본이라는 나라와 문화에 관심이 많다. 할아버지는 무척 기쁘고 자랑스러운 듯 보였다.

할아버지가 고향을 물었고 알렉스가 'UK에서 왔어요'라고 대답했다. 할아버지는 'Oh, UK! United Kingdom of Great Britain and… Netherlands! (그레이트 브리튼과 네덜란드(?)의 연합국)'라고 말하자, '네덜란드'가 아니라 'Northern Ireland(북아일랜드)'라고, 하지만 매우 가까웠다고 정정해 주었다.

남자친구를 만나기 전에 나는 UK(영국)라는 말이 무엇의 약자인지 전혀 몰랐는데 할아버지는 나보다 더 똑똑한 사람인 건 확실했다! 시계탑에서 자원봉사를 하는 노후의 삶이라, 꽤 멋지다고 생각했다. 아마도 은퇴 후의 소소한 취미생활이 아닐까 추측하며 시계탑 내부를 한 바퀴 돌고는 계단을 내려왔다.

앞에서도 언급했지만 삿포로에서는 줄을 서지 않고 바로 식당 자

리에 앉은 경험이 거의 없다. 유명하지 않은 곳을 찾아가도 대부분의 식당은 사람으로 가득 차 있었다. 삿포로 도시 규모에 비해 관광객이 너무 많아서일까?

시계탑을 구경한 후 바로 옆에 있는 리뷰가 적은 라멘집에 들어갔다. 입구 앞에 겨우 두세 명이 줄 서 있는 것을 보고도 알렉스는 놀랐다. '이건 줄도 아니야'라며 그동안 한 시간씩 기다린 경험을 이야기해 주었다. 그는 질색했다.

조금 기다려서 가게에 들어갔다. 라멘과 미니 덮밥 세트를 주문해 먹었다. 천 엔에 판매하고 있었다. 오랜만에 미소라멘이 아닌 쇼유라멘을 먹었다. 직원에게 '뭐가 맛있어요?'라고 물어보자 '쇼유를 추천해요'라고 대답해주기에 쇼유라멘을 먹은 것이다. 느끼하지 않고 깔끔한 맛이었다. 알렉스는 만족한 듯 그릇을 비웠다. 라멘에 미니 덮밥까지 먹으니 배가 무척 불렀다.

카페 로크포르

식사를 마치자 지난번 동생과 함께 방문했던 카페 로크포르가 생각났다. 카페는 시계탑 근처에 있었다. 알렉스는 식사 후 바로 카페에 가는 걸 이해하지 못하는 타입이었다. '방금 밥을 먹고 배가 이만큼 부른데?'하고 배를 팡팡 치는 그에게 '커피 마시러 가는 건데 배가 부른 게 무슨 소용이야'라고 할 수만도 없었다. 그는 커피를 마시지 않고 설탕이 잔뜩 든 코코아 같은 음료를 마시는 사람이기 때문이다. 그를 힘들게 설득하여 로크포르 카페로의 두 번째 걸음을 했다. '치즈케이크가 맛있다'라는 말이 설득에 결정적이었다.

들어갈 때는 사람이 별로 없었지만 점점 모여들더니, 얼마 후에 자리가 모두 꽉 찼다. 나만 아는 소중하고 작은 카페가 아니라 인기 많은 로컬 카페인가 보다. 시끌벅적하지 않고 조용하고 차분한 분위기에 흐르는 음악도 잔잔한 데다 손님들의 이야기 소리도 매우 조용해

서 앉아 있기 즐거운 공간이었다.

블루베리 치즈 케이크가 나왔다. 단 것을 좋아하는 동생의 뒤를 이어, 또 한 명 디저트 애호가인 여행 파트너가 생겨서 다행이다.

디저트 사진을 찍을 때가 가장 재미있다. 항상 까만 커피만 마시는 나는 웬만큼 커피잔이 예쁘지 않으면 사진이 별 재미가 없고 지루해 보인다. 알록달록한 색감의 디저트 하나와, 코코아나 프라푸치노 같은 귀여운 크림이 올라간 음료가 함께라면 사진이 훨씬 생동감 있게 나온다. 사진을 위해 좋아하지도 않는 프라페를 주문할 수는 없는 노릇인데, 알렉스도 동생처럼 프라페(얼음, 커피, 우유를 베이스로 달콤한 재료들을 갈아서 만든 음료)를 먹는 사람이라 다행이었다. 조금 이상한 이유인가?

삿포로 TV타워

숙소로 돌아가기 직전, 즉흥적인 선택으로 TV타워에 가게 되었다. TV타워 전망대에서 오도리 공원의 눈축제를 내려다보면 좋을 것 같다는 이유에서다. TV타워 전망대에 대한 사람들의 평가가 부정적이었기에 큰 기대는 없었다.

입장료 천 엔을 내고 엘리베이터를 타고 전망대 위로 올라갔다. 도착하자마자 공간의 비좁음에 먼저 놀랐다. 그럼에도 사람은 많아서 더욱 좁게 느껴졌다. 운이 좋으면 창가에서 전망을 볼 수 있다. 구경하는 사람들이 많아서 빈자리가 좀처럼 생기지 않았다. 기다림 끝에 자리가 났고 창밖 전망을 그제야 볼 수 있었다.

계획도시인 삿포로는 모든 도로가 직선이다. 오도리 공원도 일직선으로 뻗어있었다. 눈 쌓인 도시 풍경과 멀리 보이는 산의 풍경이 어우러져 더욱 아름다워 보였다. 다행히 날씨도 좋아서 먼 곳도 잘 보였다.

TV 타워는 삿포로의 상징적인 공간이다. 빨간 탑과 오도리 공원이 마치 에펠탑이나 도쿄 타워처럼 인상적이고 이국적인 분위기를 만든다. 그러나 전망대 위까지 올라오는 것은 이미지를 추락시키는 경험이었다.

알렉스는 시니컬한 말투로 '천 엔을 주고 기념품샵에 올라온 기분이네'하고는 웃었다. 작은 공간에 사람이 많아 전망할 공간은 부족한데 기념품샵의 진열대 비중은 컸다. TV타워의 마스코트인 테레비오토상도 있었다. 오토상은 아빠라는 뜻이고 빨간 탑 모양에 콧수염이나 있다. 콧수염이 난 인형이라니, 살짝 귀엽기는 했다. 가족 구성원을 탑의 캐릭터 모델로 정해서 아빠가 메인 모델이고 엄마도 있고 딸과 아들, 할머니와 할아버지도 있다. 할아버지에게는 산타할아버지 같은 흰 콧수염이 있다. 기념품샵을 구경한 후 곧바로 내려왔다.

삿포로역에 있는 JR타워 전망대는 TV타워보다 훨씬 조용하고 넓은 데다 분위기도 좋다. 물론 오도리 공원의 전경을 볼 수 있는 것은 TV타워 뿐이겠지만, 쾌적한 전망대에서의 휴식을 원한다면 JR타워를 추천한다. 넓은 내부와 커다란 창으로 둘러싸인 정석 그대로의 전망대다. 흐르는 음악도 묘한 우주의 기운을 주고 커피와 프라페 등을 판매하는 카페도 있어서 앉아서 쉬면서 전망을 구경하기에 가장 좋

은 장소다. TV타워의 전망대에 간다는 것은 '휴식'이라는 키워드는 제외하고 '오도리 공원의 전경'을 보겠다는 단일한 목표로만 가길 추천한다.

삿포로 TV타워 さっぽろテレビ塔

1957년에 지어진 약 147m 높이의 TV 전파탑으로 홋카이도 삿포로에서 가장 유명한 랜드마크다. 도쿄 타워와 비슷하지만 조금 작은 버전 느낌이다. 30층 높이 전망대에서 오도리 공원을 비롯한 삿포로 풍경을 한눈에 내려다볼 수 있다.

주소 1 Chome Odorinishi, Chuo Ward, Sapporo, Hokkaido 060-0042 영업시간 09:00~22:00 (전망대 최종 입장 가능 시간 21:50) 전망대 입장료 1,000엔 홈페이지 https://www.tv-tower.co.jp/

삿포로 팩토리 サッポロファクトリー

1876년의 일본 최초 맥주 공장 건물을 리모델링한 복합 쇼핑몰이다. 7개의 구역으로 나누어지는데 큰 온실 같은 '아트리움'이 인기다. 겨울에는 거대한 크리스마스트리를 장식해서 볼거리를 제공한다.

주소 4 Chome Kita 2 Johigashi, Chuo Ward, Sapporo, Hokkaido 060-0031 영업시간 10:00~20:00 홈페이지 https://sapporofactory.jp.k.acw.hp.transer.com/ 전화번호 011-207-5000

가장 높은 곳의
삿포로

삿포로역 근처에서 동생과 JR타워 전망대를 찾으러 가던 길이었다. 길을 잃은 우리는 개찰구 근처만 계속 맴돌고 있었다. 역 안을 빙글빙글 돌다가 역무원 아저씨를 발견했다. 아저씨는 무표정하고 무뚝뚝한 얼굴로 서 있었지만, 고개를 숙여 인사하며 다가가니 방긋 웃으며 표정이 확 부드러워졌다.

'JR타워의 전망대로 가려면 어떻게 가요?'라고 말하고 싶었다. 문제는 '전망대'가 일본어로 뭔지 기억이 안 나는 것이다! 전망대? 일본어를 조금 공부한 사람은 모르는 단어도 대충 일본어스럽게(?) 말하는 노하우가 있다. 전망대를 일본어스럽게 말해본다면 '센모우다이?', '텐보우다이?' 등등의 후보가 있다. 친한 사람이라면 여러 후보를 나열해서 그중 하나가 맞으면 '다행이다' 하고 넘길 수 있지만 처음 본 역무원 아저씨에게 수수께끼를 걸기는 어려워 보였다.

핸드폰으로 전망대를 검색해서 보여줄 수도 있었지만, 동생 옆에서 일본 전문가인 척하던 언니로서의 자존심이 허락하지 않았다. 짧은 0.8초 안에 떠오른 한 가지는 방법은 '38층'이라고 말하는 것이었다. "산쥬 하치, 어떻게 갈 수 있어요?"라고 말하자 역무원 아저씨는 금방 "아, 산쥬 하치!"라며 바로 이해하고는 손으로 위치를 가리켜 안내해 주었다. "저쪽에서 엘리베이터를 타고 6층으로 가세요. 6층에 전망대인 38층으로 가는 티켓 부스가 있어요."하고 말이다.

친절한 역무원 아저씨의 설명에 감동을 받았다. 감사 인사를 드리고 동생과 호기롭게 엘리베이터를 타러 갔다. 드디어 전망대에 도착했다. 전망대의 일본어는 '텐보-다이(展望台)'였다. 38층 높이의 전망대 경치는 당시 악천후로 뿌연 안개에 가려져 있었지만 실내의 조용한 분위기가 좋았다. 창밖으로 보이는 눈 덮인 야경은 마음을 차분하게 만드는 신비한 힘이 있었다.

동생과 삿포로에 도착하자마자 2주간 지내던 나카지마 공원이 그리웠다. '나카지마 쪽에 살던 때는 좋았는데'를 앵무새처럼 반복한 탓에 알렉스도 나카지마 공원이 어떤 곳인지 궁금했던 모양이다.

눈이 펑펑 내리던 날, 우리는 함께 공원으로 향했다. 나카지마 공원은 넓고 아름다운 눈의 나라였다. 눈싸움을 했다. 누가 시작했는지는 모른다. 나였던 것도 같고 그였던 것도 같다. 서로에게 눈 뭉치를 있는 힘껏 던지며 숨차도록 웃었다. 알렉스는 내가 던진 눈 뭉치를 만화 주인공처럼 날카롭게 쳐내기도 했다. 개그였다.

갑자기 눈사람을 만들고 싶어졌다. 공원의 중앙에는 호수가 있는데 눈이 가득 쌓여 있어서 깨끗하고 아름다웠다. 호수 뒤로는 산이 겹겹이 보여 눈이 맑아지는 기분이다. 호수 앞 넓은 공간에서 한창 눈싸움을 하던 나와 알렉스는 드디어 극적인 화해를 하고 눈사람을 만들기로 합의한다. 눈을 동글게 모았다. 알렉스가 머리를 만들고 내가 몸통을 만들어 둘을 합했다. 주변에 떨어진 나뭇가지를 꽂아 팔을 만들고 나뭇잎으로는 목도리를 만들었다.

아주 작은 눈사람이었다. 알렉스는 그의 이름을 '제프리'라고 정했다. 눈사람치고는 아주 근사한 이름이었다. 나카지마 공원의 구석진 터에 그를 고이 두고 작별 인사를 한 뒤에 지하철을 탔다. 삿포로역으로 향했다.

JR타워는 두 번째 방문이다. 동생과 헤매던 길을 이제는 씩씩하게 거침없이 다닌다. 오래전부터 삿포로에 살던 사람처럼 알렉스를 데리고 자신 있게 걷는다. 그는 '너만 믿을게' 하는 눈치다. 그런데 문제

가 생겼다. 삿포로역에 도착하자 엘리베이터가 아무리 찾아도 보이지 않았다. 저번에는 여기 어딘가에 있었는데? 친절한 역무원 아저씨가 가리키던 방향이 여기였는데? 당황하던 나에게 에스컬레이터가 하나 보였다. 알렉스에게 "에스컬레이터를 타고

갈까? 6층이지만 쇼핑센터 구경도 할 수 있고 금방일 거야."하고 머쓱하게 말했다. 그는 당연히 괜찮다는 제스처를 취하며 걸음을 뗐다. JR타워의 6층 티켓 부스에서 입장권을 사고 안내를 받고 나서야 38층으로 올라가는 엘리베이터를 탈 수 있었다.

서서히 구름이 걷히고 하늘이 갠 순간, 눈발도 멈췄다. JR타워의 38층 전망대에 두 번째로 올라간 그날, 하늘은 전에 방문했을 때보다 훨씬 맑았다. 저 멀리 건물 뒤로 산이 보인다는 사실을 그제야 알았다. 동생과 왔을 때는 날씨가 흐려서인지 사람도 많지 않아 고요했는데 좋은 날씨 때문인지 사람이 많았다. 그래도 TV타워만큼의 북새통은 아니었으니 다행이다. 조용하고 감미로운 음악이 잔잔하게 흐르고 사람들도 적당한 톤으로 웅성거리며 창밖을 구경하며 걸어 다녔다.

T카페에서는 커피와 아이스크림 등을 팔고 있었다. 카페 앞의 적당

한 자리를 골라 앉았다. 나는 아이스 커피를 한 잔 마시고 알렉스는 따뜻한 코코아와 아이스크림을 먹었다. 의자에 앉아 창밖을 멍하니 구경하다 보니 다시 구름이 서서히 몰려오고 있었다. 그리곤 조금씩 눈이 떨어지기 시작했다. 쏟아지는 눈을 구경하다 보니 점점 산도 흰 안개 속으로 들어가고 온 세상이 다시 하얀 겨울 왕국으로 변해가고 있었다.

눈이 또 한 번 펑펑 내리는 오후 2시, 우리는 호텔로 돌아가기로 했다. 저녁 수업을 준비해야 했고 피곤함도 한몫했다. 아침부터 공원에서 눈을 그렇게 던져댔으니 그럴 만도 하다.

수업하는 동안 알렉스는 삿포로의 구석구석을 혼자 탐험한 모양이다. 모험담을 들려주던 그와 함께 편의점에 저녁거리를 사러 다시 외출했다. 눈이 잔뜩 쌓인 거리를 조심조심 걸었다. 세븐 일레븐, 세이코, 패밀리 마트, 로손 등 숙소 근처 편의점을 다 돌아보았다. 저녁 9시, 편의점 도시락 코너의 맛있는 메뉴들은 이미 다 팔리고 없다.

마지막 희망 니카상(오사카에 글리코상이 있듯 삿포로에는 스스키노 한복판에 니카상 광고판이 걸려 있다) 간판 근처의 패밀리 마트에서 드디어 돈가스를 발견했다. 따뜻하게 데워서 호텔로 돌아와 맛있게 먹었다. 즐거웠던 늦은 밤의 편의점 탐험이었다.

JRE타워 전망대 T38 JRタワー展望室タワー・スリーエイト

홋카이도에서 가장 높은 빌딩인 JR타워 38층에 있는 높이 160cm의 전망대다. 6층에서 엘리베이터를 타면 순식간에 38층에 도착한다. 동서남북 다양한 위치에서 삿포로 도심의 풍경을 볼 수 있다. T 카페에서는 커피나 아이스크림, 디저트를 판매하니 여유롭게 음료를 마시며 삿포로 도심 전경을 구경할 수 있다.

주소 2 Chome Kita 5 Jonishi, Chuo Ward, Sapporo, Hokkaido 060-0005 영업시간 10:00~22:00 (입장 마감 21:50) 전망대 입장료 어른 740엔 중고생 520엔 4세 이상~초등학생 320엔 3세 이하 무료 홈페이지 http://www.jr-tower.com/t38/ 전화 011-209-5500

오타루의 낭만은
빛나는 야경과 함께

오타루 타츠미(카이센동) / 오타루 텐구야마

아침 일찍 오타루로 가는 기차를 탔다. 창밖으로 바다가 보이고 아름다운 풍경을 보니 기분이 좋았다. 옆에서 한국인 여행객 두 명이 나와 알렉스의 얼굴에 핸드폰을 바짝 대고 바다 사진을 찍으려는 시도만 안 했어도 더 좋았을 것이다.

어떤 여행객들은 현지 사람은 물론 다른 여행객에게도 폐가 될 정도로 무례하다. 공공장소에서 시끄러운 목소리로 떠든다거나 사진 욕심에 타인을 불편하게 한다. 알렉스는 그들에게서 마치 '창가 자리를 자기가 당연히 차지했어야 했는데' 하는 억지스러운 느낌을 받았다고 한다. 기분 좋게 여행 와서 나와 타인의 행복을 모두 생각할 수는 없는 걸까? 한국인으로서 내게도 그런 모습이 있는 것 같아 부끄러워졌다.

사과하자 알렉스는 당황하며 내가 사과할 일이 아니라고 했다. 한

국은 한국인과 한국이라는 나라를 동일시하는 경향이 있다. 한국의 문제가 나의 문제 같아 부끄럽고, 한국이 잘하면 내가 잘하는 것 같아 뿌듯하다. 다른 나라는 이런 집단적인 감수성이 덜한 모양이다.

미나미 오타루역에 도착해서 눈길을 헤치며 걸었다. 메르헨 교차로부터 사카이마치로 이어지는 길은 아름다웠다. 아기자기한 상점과 스시와 해산물을 파는 식당, 르타오 같은 카페가 이어져 있다. 건물들이 일본의 예스러운 스타일과 개항 후 받아들인 유럽풍의 건축 스타일을 둘 다 간직하고 있어 풍경이 독특하다.

오타루 오르골당에 먼저 들어가 보았다. 관광객들이 사랑하는 장소다. 장인이 아름답게 빚어낸 오르골이 가득하다. 귀여운 갈색 곰 인형 모양의 오르골을 하나 들어 등 뒤의 태엽을 감아 보았다. 태엽이 돌아가며 지브리 애니메이션의 음악이 흘러나왔다.

옆에 있던 알렉스에게 곰 인형이 된 흉내를 내며 말을 걸었다. '안녕, 반가워!' 곰 인형의 팔을 움직이며 말이다. 마음 약한 알렉스는 곰 인형과 친구가 되고 말았다. 처음부터 의도한 건 아니었지만 알렉스로부터 곰 인형 오르골을 선물 받게 되었다. 이름은 '타루'라고 지었다. '오타루'에서 만난 아이이기 때문이다.

드디어 카이센동을 먹다

바다 마을 오타루는 해산물로도 유명하다. 오타루 운하를 잠시 둘러보고 식사를 위해 다시 사카이마치 거리로 돌아왔다. 고즈넉한 분위기의 전통적인 식당이 많았다. 그중 한 곳, 식당 타츠미를 방문했다. 동생이 해산물을 좋아하지 않아 그동안 카이센동(해산물 덮밥)을 먹지 못했다. 나도 알렉스도 해산물을 좋아하는 편은 아니지만 도전

정신이 있다. 마침 스시, 덴뿌라(튀김), 미니 카이센동과 된장국까지 함께 나오는 세트 메뉴가 있었다. 가격도 다른 식당보다는 저렴한 2천 엔대였다.

미니 카이센동은 미니라기엔 푸짐했다. 생선회가 싱싱하고 밥과 잘 어울렸다. 덴뿌라(튀김)와 스시까지 먹을 수 있다니 환상의 조합이다. 바다 풍미가 느껴지는 식사였다.

일본에서 맛있는 음식을 먹었을 때는 식당을 나오기 전 이렇게 말해 보자.

"ごちそうさまでした(고치소-사마데시다)!"

'잘 먹었습니다'라는 뜻이다. 두 손을 모으고 하면 더 효과적이다. 요리사나 직원들도 기뻐할 것이다. 감사의 마음을 전할 수 있는 멋진 일본어 표현이다.

오타루는 운하도 유명하지만 텐구야마 위에서 내려다보는 오타루 시내의 야경 또한 황홀하게 아름답다. 버스를 타고 텐구야마 전망대로 가는 로프웨이(케이블카)를 타러 갔다.

눈 덮인 전망대에 올라갔을 때, 커플 중 한 명이 다가와 사진을 찍어달라고 부탁했다. 최대한 열심히 찍어주자 그쪽에서도 우리의 사진을 찍어 주었다.

겨울이었고 산 정상이다 보니 기온이 무척 낮았다. 추위를 버티며 오타루의 해안가와 산의 절경을 구경했다. 전망대 아래편으로 눈길이 갔다. 눈 쌓인 절벽 앞에 한 여성이 웨딩드레스 같은 화려한 옷을 입고 포즈를 취하고 있었다. 로프웨이에서 만났던 중국인들이 눈밭에서 사진 촬영을 하고 있었다. 웨딩 촬영 같았다. 핸드폰을 삼각대에 두고 여자는 계속 뒤돌아보는 포즈를 반복했다. 영하의 날씨에 외투를 여러 겹 껴입어도 벌벌 떨리는데 어깨가 드러나는 드레스를 입고 눈 위에 당당히 서 있는 여성은 대단하고도 추워 보였다.

텐구야마 전망대 내부에는 카페가 있다. 따뜻한 커피를 홀짝거리며 휴식을 취했다. 노을을 보려는 마음이 흔들리던 중이었다. 해가 지는 시간은 5시, 완전히 어두워지려면 6시 정도였다. 깜빡 잊고 있던 한 가지가 떠올랐다. 디저트 전문점인 르타오 본점에 가는 것을 뒤로 미루다 보니 폐점 시간이 가까워지고 있었던 것이다. 동생처럼 알렉스도 단 음식을 좋아하니 르타오를 꼭 데려가고 싶었다. 폐점 시간은 6시였고 알렉스에게 의견을 물었다.

"알렉스, 너 오타루에서 제일 유명한 디저트 가게인 르타오에서 케이크 먹고 싶지 않아?"

"먹으면 좋기야 하겠지만 르타오 본점이 꼭 아니어도…. 삿포로에도 분점이 있으니까…."

"텐구야마의 야경을 보려면 르타오에서 디저트 먹는 건 포기해야 해."

"상관없는데…. 야경을 보고 싶기도 하고…. 케이크 먹고 싶긴 한데…. 어떡하지?"

"그니까. 너 단 거 좋아하잖아."

"그러게. (이미 조금 어둑했다) 이것도 대충 야경인 것 같기도 하고. 너는 어떻게 하고 싶은데?"

"모르겠다, 나는…. 네가 하고 싶은 대로 하자. 네가 골라 줘."

야경과 디저트 중 하나를 골라야 하는 순간이었다. 알렉스는 조심스럽게 대답했다.

"그러면…."

로프웨이의 다음 시간을 확인했다. 줄을 서서 서둘러 로프웨이를 타고 산에서 내려온 후 버스를 탔다. 곧장 오타루 시내까지 내려왔다.

버스에서 내려 얼음길을 내내 뛰었다. 르타오에 도착했을 때는 5시 15분쯤이었다. 가쁜 숨을 내쉬며 주문하려 하자, 카페를 이용할 수 없다는 청천벽력과 같은 말을 들었다. 라스트 오더가 이미 지나 있었다. 미안한 마음에 알렉스의 등을 툭 툭 쳐주었다.

2층 카페는 이용할 수 없었지만 대신 1층 디저트 가게는 열려 있어서 케이크를 포장해 가기로 했다. 마침 한 입씩 케이크를 시식할 수 있게 해준 덕분에 치즈 케이크와 초콜릿케이크를 둘 다 먹어볼 수 있었다. 알렉스의 입에는 초콜릿케이크가 더 맛있었다고 한다. 초콜릿 케이크를 하나 포장해서는 밖으로 나왔다. 주변이 조금씩 어두워지고 있었다.

귀가 직전 예쁜 야경으로 유명한 오타루의 운하를 구경했다. 지난 번 동생과 방문했을 때는 실망하기도 했다. 신기하게도 이날은 그때 보다 훨씬 더 예뻐 보였다. 물결에 비치는 노랗고 파란 불빛들이 더 선명해 보였다. 물길을 따라 걷다가 사진을 찍었다. 추위로 사진 찍는 손이 단단히 굳어있었다.

다음 날 점심을 먹으러 간 타누키코지 상점가에서 신기한 공간을 발견한다. 타누키코미치라는 이름의 홋카이도의 인기 점포 20개가 모여 있는 레스토랑가다. 카이센동, 스시, 라멘, 소바, 이자카야, 햄버

거집, 팬케이크집 등 다양하게 있었는데 우연히 발견한 징기스칸 집을 보고 도전해 보았다. 징기스칸은 홋카이도의 양고기 요리로 고기를 불판에 구워 먹는 음식이다. 양고기가 얇게 썰려 있어서 먹기 좋았고 양념이 진하게 배어 있어 짭짤했다.

2월 11일은 삿포로 눈축제의 마지막 날이었다. 그동안 아름다운 일루미네이션과 눈 조각들로 삿포로에서 보내는 겨울을 행복하게 해준 고마운 축제다. 삿포로에서도 중요한 행사로 외국이나 타지에서도 이 눈축제를 보러 찾아오는 사람이 많다. 예술적인 조각품들과 그 사이를 걸으며 감상을 주고받는 경험은 분명 특별한 추억이 될 것이다.

삿포로 눈축제와 작별 인사를 한 후 짐을 챙겼다. 2월 12일부터 14일, 홋카이도의 가장 남쪽 하코다테에 간다. 일본의 개항지 중 하나이자 홋카이도의 옛 감성을 간직하고 있는 하코다테로….

오타루 타츠미 사카이마치점
おたる巽鮨 堺町店

스시와 카이센동(해산물 덮밥) 등의 해산물을 주재료로 하는 고즈넉한 분위기의 일식당이다.
주소 3-15 Sakaimachi, Otaru, Hokkaido 047-0027 영업시간 10:00~17:00 정기휴일 수요일

하얀 눈의 세상에서 만난
아름다운 풍경과 따뜻한 사람들

4장 홋카이도 남쪽으로 하코다테 기차 여행

하코다테산의 빛나는 야경과
햄버거

하코다테산 / 럭키 피에로 햄버거

하코다테는 홋카이도의 가장 남쪽에 있는 도시다.

일본에서 사랑받는 여행지 중 하나인 홋카이도는 웅장한 자연환경이 만들어 내는 아름다운 경치로 유명하다. 또한 깨끗한 자연에서 얻은 풍부한 식재료로 맛있는 음식이 많다. 하코다테는 홋카이도에서도 가장 매력적인 도시로 꼽힌다. 일본의 최초 개항지 중 하나로 오래전부터 러시아, 영국 등과 교류한 흔적이 짙게 남아 있다. 도시 자체가 굉장히 이국적이다.

2박 3일 동안 머무른 호텔 객실에서도 이국적이면서 일본풍이 혼합된 아름다움을 느꼈다. 객실 내부를 멀리서 보면 바닥에 요가 깔린 것처럼 보여 일본식인가 싶지만, 막상 이불 위에 발을 올려 보면 푹 들어가는 게 느껴진다. 바닥을 뚫고 침대를 놓은 것이다. 하코다테는 여러 나라 문화가 혼재해 있었다.

우리는 역사의 흔적을 찾아 하코다테시 구 영국 영사관과 구 하코다테 공회당, 고료카쿠(에도 말기에 지어진 서양식 요새), 세이칸 연락선 기념관 마슈마루 등을 방문했다. 아름다운 경치를 즐길 수 있는 하코다테산 전망대와 바닷가 항구가 보이는 아름다운 언덕인 하치만자카도 들러보기로 했다.

식사로는 가네모리 아카렌가 창고군이라는 붉은 벽돌 건물 근처에서 럭키 피에로 햄버거를 먹었다. 홋카이도에서는 무엇을 먹어도 맛있다는 이야기가 있다. 그중 라멘은 특히 실패할 염려가 거의 없는데 삿포로의 미소(된장)라멘처럼 하코다테는 시오(소금)라멘이 맛있다는 소문을 들었다. 나와 알렉스는 계획을 시간별로 세우기보다는 체크리스트처럼 만들어 두는 편이다. 계획은 상황에 따라 바뀌기도 한다. 고토켄이라는 이름의, 여행 중 우연히 발견했지만 특별한 장소가

우리를 기다리고 있기도 했다. 밤거리를 빛내는 일루미네이션이 어두운 골목 골목을 따뜻하고 밝게 밝혀주는 하코다테의 겨울을 마음껏 즐겼다.

겨울에 삿포로에서 눈축제가 열린다면, 여름의 하코다테에서는 초대형 불꽃 축제가 항구에서 펼쳐진다. 하코다테 시내 곳곳에는 철 지난 포스터가 붙여져 있었는데, 일본 전통 복장을 한 행복해 보이는 사람들과 펑펑 터지는 불꽃 그림이 무척 인상 깊었다. 언젠가 여름에 하코다테를 방문할 수 있는 날이 왔으면 좋겠다고 생각했다.

삿포로역에서 에키벤(기차역에서 파는 도시락)을 사서 하코다테행 기차를 탔다. 자리가 거의 만석이라 알렉스와는 따로 앉아야 했다. 에키벤은 각자의 자리에서 야무지게 먹었다. 내 옆자리에는 분명 누군가 티켓을 사놓고는 기차를 놓쳤거나 타지 않기로 한 모양이다. 마

지막 행선지까지 내내 나타나지 않을 줄 알 리 없던 당시에는, 삿포로역에서 출발하지 않았을 뿐 어느 역에서라도 누군가가 탈 수 있어 끝까지 긴장을 놓지 못했다.

복도 쪽에 앉았던 나는 텅 빈 옆자리 의자를 보며 창밖 풍경을 볼 수 있어서 다행이라고 생

각했다. 눈이 잔뜩 쌓인 풍경을 지나고 또 지나 하코다테에 점점 더 가까워져 갔다.

겨울의 홋카이도는 무척 춥지만 남쪽에 위치한 하코다테는 비교적 온화하다. 삿포로에서 출발해 네 시간 정도 지나 하코다테역에 도착했을 때 기온이 조금 높아진 것을 느꼈다. 길가의 눈도 많이 녹아 있어 질척거렸다. 삿포로보다도 길이 더 미끄러워 걷기 힘들었다. 호텔에 짐을 풀고 나니 이미 밖은 어두워져 있었다. 아름답다는 소문이 자자한 하코다테산의 야경을 볼 수 있는 로프웨이가 호텔 근처에 있어서 가장 먼저 야경을 보러 올라갔다.

날씨가 맑아서 야경에 대한 기대가 높아져 갔다. 로프웨이를 타고 전망대로 올라가니 입이 떡 벌어졌다. 사람이 너무 많았다. 북적이는 인파로 야경을 구경하는 게 거의 불가능할 정도였다. 오랜 시간을 기다려 틈을 보고 살며시 빈 자리에 들어가 아래쪽을 내려다보았다. 노란 불빛들이 항구의 해안선을 따라 이어져 있었다. 멋진 풍경이었다. 살을 에는 추위에도 맨손으로 핸드폰을 들어 사진을 찍었다. 전망대에서 내려와 한 계단 아래의 인파가 덜한 장소를 발견했다. 해안가의 야경을 바라보며 마음이 한결 여유로워짐을 느꼈다.

저녁 식사로 항구 근처에 있는 수제 햄버거 식당 럭키 피에로에 가기로 했다. 하코다테에만 있는 식당으로 하코다테 내에 여러 개의 점포가 있다. 신선한 식재료와 패티, 독특하고 개성 있는 인테리어로 사랑받는 곳이다. 일단 숙소 근처의 아카렌가 창고로 향했다. 국제 무역항의 흔적이 남아있는 붉은 벽돌의 옛 창고를 상점 및 식당, 복합시

설로 변신시킨 개성 있는 장소다. 럭키 피에로보다 비어 홀이 더 일찍 문을 닫아서 식사 전에 맥줏집 하코다테 비어 홀에서 맥주를 먼저 마시게 되었다.

샷포로 맥주를 마시며 안줏거리로 스시, 소시지를 주문해 먹었다. 바닷가라 스시가 맛있을 거라는 기대와는 다르게 별로 맛이 없고 질겨서 실망했다. 안주를 하나 더 추가해 치즈 감자 그라탕도 먹었다. 양이 적어 배가 더 고파지는 기분이었다.

맥주를 마신 후 늦은 저녁을 먹기 위해 맞은편에 있던 주요 목적지인 럭키 피에로에 갔다. 메뉴가 다양했는데 우리는 차이니즈 치킨버거를 두 세트 주문해서 먹었다. 부드러운 빵과 패티, 신선하고 아삭한 채소를 품은 햄버거는 맛있었다. 감자튀김에는 데미글라스 소스와 화이트 소스, 치즈 소스를 뿌려 먹을 수 있는데 이탈리아 파스타 라자냐 소스 맛이 났다. 하코다테 여행 내내 럭키 피에로의 초록색 건물과 주황빛 간판을 볼 수 있었다.

럭키 피에로 마리나 스에히로 점
ラッキーピエロ マリーナ末広店

럭키 피에로는 하코다테에서만 맛볼 수 있는
햄버거 체인점이다. 저렴한 가격에 독특한 매
장 분위기, 신선한 재료를 사용한 맛있는 햄버
거가 인기의 이유다. 차이니즈 치킨버거가 가
장 대표적인 메뉴. 여러 지점 중 스에히로점은
바다를 마주하고 있으며 하코다테 아카렌가
창고와도 가까워 관광 중에 살짝 다녀와 보기
에 좋다.

주소 14-17 Suehirocho, Hakodate, Hokkaido
040-0053 영업시간 09:30~22:30 홈페이지
http://www.luckypierrot.jp/

눈보라 속 별 모양 정원을
내려다보며

고료카쿠 타워 / 세이칸 연락선 기념관 마슈마루

    다음 날 아침 일찍 숙소 앞에서 전차를 타고 고료카쿠 공원 앞에 내렸다. 에도 말기에 지어진 서양식 요새인 고료카쿠는 하늘에서 내려다보면 마치 별 같은 모양을 하고 있다. 전차에서 내리자마자 별 모양 공원을 내려다볼 수 있는 고료카쿠 타워에 올라갔다. 하코다테산 전망대에서 겪은 엄청난 인파 이후로 하코다테 여행 내내 그 정도를 경험한 적은 없었다. 고료카쿠도 다행히 하코다테 전망대만큼 사람이 많지는 않았다.

    봄에 벚꽃이 만개할 때 방문한다면 분홍빛으로 덮인 아름다운 절경일 것이다. 봄, 여름, 가을, 겨울 사계절이 아름다운 고료카쿠의 매력을 홍보하는 전단을 보며 언젠가 모든 계절의 고료카쿠를 직접 볼 수 있다면 좋겠다고 생각했다.

    고료카쿠 타워 바로 앞에 있던 식당에서 라멘을 먹었다. 삿포로가

미소(된장)라멘으로 유명하다면 하코다테는 시오(소금)라멘으로 유명하다. 시오라멘과 교자(만두), 가라아게(일본식 닭튀김)도 주문했는데 양이 많아 교자는 조금 남겼다. 라멘은 시오(소금)라고 해서 많이 짤까 걱정했는데 우동 국물과 같은 정도의 깔끔한 간이라 맛있었다. 시오라멘은 육수에 소금만 사용하지 않고 연한 다시물도 들어간다.

라멘 식당을 나와서 전차로 돌아가는 길에 뭔가 잊은 게 있는 것 같아 뒤를 돌아봤다. 고료카쿠 타워에서 전망만 보고는 막상 정원에

는 들어가 보지 않은 것이다! 서둘러 발걸음을 돌려 공원으로 향했다. 미끌거리는 길 위에서 넘어지지 않게 발에 힘을 주고 열심히 눈길을 걸었다.

고료카쿠 공원 중앙에는 하코다테 봉행소라는 복원된 건물도 있어서 입장해 보았다. 옛 건축물을 그대로 재현해 두어 마치 시간을 돌려 과거로 돌아간 듯한 기분이 들었다. 신발을 벗어 비닐봉지 안에 담아서 가지고 다니며 구경했다. 건물을 짓는 과정도 엿볼 수 있었다. 양말만 신고 다녔더니 발이 조금 시렸다. 출구로 나와 안내해 주는 분께 꾸벅 인사를 하고는 신발을 다시 신고 밖으로 나왔다.

눈이 조금씩 내리기 시작하더니 펑펑 쏟아졌다. 공원은 오각형 별 모양이어서 아무 생각 없이 걷다가는 미로에 갇힌 것처럼 길을 잃을 것 같았다. 알렉스와 눈을 던지며 눈싸움을 조금 하고는 전차를 타러 정류장으로 갔다. 고료카쿠 지역을 나와 다시 전차를 타고 하코다테 역 앞으로 갔다. 역으로 돌아간 이유는 두 가지였다.

첫 번째로는 돌아가는 기차표를 예매하기 위해서였다. 한국이나 영국처럼 인터넷으로 기차표를 살 수 있으면 좋으련만 일본 홋카이도에는 그런 웹사이트가 없었다. 직접 역에 가서 티켓 머신을 통해 예매해야 했다. 아날로그를 좋아하는 나라다. 삿포로역에서 하코다테역까지 올 때는 붙어있는 좌석이 모두 매진이라 따로 와야 했지만, 돌아오는 길에는 다행히 자리가 있어서 함께 앉을 수 있는 좌석으로 예매했다.

두 번째 이유는 역 근처의 세이칸 연락선 기념관인 '마슈마루'를 구경하기 위해서이다. 실제로 바다를 항해하던 페리를 보존하여 박물관으로 사용하는 곳이었다. 이전에 영국 브리스톨에서 구경했던 SS 그레이트 브리튼(영국과 뉴욕 사이의 대서양을 항해하던 증기기관선)과 같은 분위기를 상상하며 입장했다.

세이칸 연락선 기념관 마슈마루

거대한 배에 들어가자 사람이 거의 없었다. 배를 항해하던 당시처럼 꾸며놓았기에 삼등석, 이등석, 일등석 좌석에 한 번씩 앉아 보기도 했다. 좌석 옆 창문으로 보이는 바다 물결을 보니 마치 실제로 항해를 떠나는 기분이 들었다. SS 그레이트 브리튼에도 배를 사용하던 시대의 복장을 옷걸이에 걸어두고 마음껏 입어볼 수 있게 하는 구역이 있었다. 마슈마루에는 당대 일반 시민들의 복장이라기보다는 선장, 선원, 마린걸(?)의 제복을 마련해 두었다.

사진을 한 컷 찍어볼 욕심에 푸른색 제복을 걸쳐 입어보았다. 그러자 갑자기 아무도 없던 선박에 관광객 무리가 몰려와 부끄러워졌다. 옷걸이에 옷을 걸어두고는 허겁지겁 방을 빠져나왔다.

작은 배 모형이 있는 전시를 구경한 후 계단을 오르자 조타실과 무선통신실이 나왔다. 〈타이타닉〉 같은 영화에서 본 적이 있는 장소였다. 알렉스와 둘이 연기를 하며 배를 조종하는 흉내를 냈다. 재미있는 상상력이 가득 발동되는 박물관이었다.

커다란 창문을 통해 배의 앞머리가 보였고 그 앞으로는 전날 올라갔던 하코다테산이 보였다. 산 위에서 내려다보는 야경도 예뻤지만, 멀리서 바라 보는산도 아름다웠다. 점점 해가 산을 걸치고 바다를 향해 내려오고 있었다. 노을이 시작되려는 순간 바닷물이 주황빛으로 서서히 물들어 갔다. 반짝이는 윤슬이 파도와 함께 일렁거렸다. 아름다운 바닷가 풍경을 보고 연신 감탄이 나왔다.

움직이지 않는 배 안에서 바라본 바닷가의 노을 지는 풍경은 홋카이도 여행을 통틀어 가장 좋아하는 순간이 되었다.

세이칸 연락선 기념관 마슈마루
青函連絡船記念館摩周丸

하코다테역에서 가까운 바닷가에 정박한 거대한 배의 내부를 직접 관람해 볼 수 있다. 1988년까지 홋카이도와 혼슈를 운행하던 세이칸 연락선 중 하나인 마슈마루는 하코다테 항구에 기념관으로 보존되어 있다. 배를 조종하는 장치가 있는 조타실과 무선통신실도 견학할 수 있다.

주소 Hokkaido, Wakamatsucho, 12, 青函連絡船記念館摩周丸 영업시간 4월~10월 08:30~18:00 (입장마감 17시) 11월~3월 09:00~17:00(입장마감 16시) 휴관일 선체 수리 등 임시 휴관일 있음 요금 500엔 홈페이지 www.mashumaru.com

국가 문화재로 지정된
카레 전문점

모토마치 공원 / 카레 전문점 고토켄

하코다테역에서 전차를 타고 마지막 일정인 모토마치 공원으로 향했다. 하코다테는 크지 않은 도시라 버스나 전차를 타면 금방 목적지에 도착할 수 있다. 모토마치 공원 근방에는 '하치만자카'라는 하코다테 항구가 내려다보이는 예쁜 언덕길이 있다. 노을이 지고 어두워지려는 찰나, 마른 나무에 노란 일루미네이션이 켜졌다. 하치만자카에서 바닷가 항구를 내려다보니 세이칸 연락선 마슈마루가 보였다.

하치만자카를 지나 모토마치 공원에 다다르자 화려한 노란색 무늬의 건물이 보였다. 하코다테의 옛 공회정 건물이었다. 목적지는 모토마치 공원 앞의 구 영국 영사관이었으므로 잠깐 구경한 후에 발길을 돌렸다. 구 영국 영사관 앞에 도착했지만 문이 굳게 닫혀 있었다. 안내문을 보니 겨울철에는 평소보다 일찍 문을 닫는다고 적혀 있었다. 드라마틱한 연출을 위해 얼음장 같은 길에 털썩 주저앉아 절망했다. 바닥은 무척 차가웠다. 아쉽지만 다음 날 다시 방문하기로 하고 숙소로 향했다.

　모토마치 공원에서 숙소로 걸어가는 길, 생각해 보니 저녁 식사도 잊고 돌아다니고 있었다. 출출했던 우리는 편의점에서 도시락을 사가기로 합의를 봤다. 편의점을 찾아 걷는데 레스토랑 건물의 불빛이 보였다. 창문을 통해 안을 보니 식사하는 사람들은 모두 양복을 입고 있었고 입구 안쪽에도 말끔한 양복을 입은 흰 머리의 신사 할아버지가 흰 장갑을 쓰고 공손히 서 있었다. 궁금함이 밀려와 인터넷으로 레스토랑의 이름, '고토켄'을 검색해 보았다. 고급스러운 분위기에 비해 메뉴는 평범한 식당 같았다.

평범하다는 말은 그러니까 요리 하나에 20만 원 정도 하지는 않는 다는 말이다. 음식 가격은 2천 엔(약 2만 원) 정도였다. 그러나 식당의 분위기는 이국적이고 매우 고급스러웠다. 그래, 오늘 저녁은 여기다!

카레 전문점 고토켄

알고 보니 식당 고토켄은 140년 전통의 역사를 자랑하는 유서 깊은 곳이었다. 일본 황후가 와서 식사를 했을 정도다. 식당 안에는 박물관도 있어 역사의 흔적들을 전시해 두었다. 고토켄은 하코다테에서 1879년에 러시아 요리와 함께 빵을 판매하는 가게로 문을 열었고 후에는 서양의 영향을 받은 카레와 일본식 카레를 만들며 발전해 왔다. 오래된 만큼 건물 자체가 문화재로 보존되고 있다고 한다.

진지한 표정의 웨이터의 안내를 받고 테이블 자리에 앉았다. 메뉴판에는 영국(이기리스) 카레가 있다. 영국인인 알렉스는 영국 카레가 어떤 맛일지 궁금해했다. 이기리스 카레(영국식 카레)와 메이지 카레

(일본식 카레)를 반반씩 나누어 선보이는 메뉴가 있어서 두 개 주문했다. 검은 양복의 웨이터가 손에 흰 장갑을 끼고는 주문을 받아 갔다. 물을 다 마시면 계속 주전자를 가져와 물컵을 채워주기도 했는데 알렉스는 물컵을 또 채우러 올까 봐 무섭다며 목이 마른 데도 물을 못 마시기도 했다.

식당의 분위기는 너무나도 근엄했다! 조용한 실내에는 고토켄의 역사와 관련된 사진들이 액자로 곳곳에 걸려 있었다. 알렉스는 무척 긴장한 듯했다. 양복이 아닌 후줄근한 옷을 입고 온 게 실수가 아닌가 싶어 머쓱해했다. 나중에는 우리와 비슷한 편한 차림의 여행객들도 몇 명 식당 안으로 들어오긴 했지만 다들 우리처럼 겁을 먹은(?) 표정이었다.

카레 맛은 조금 독특했다. 평소 맛보던 일본식 카레가 아니었다. 영국 카레와 메이지 카레 중 입에 맞는 것은 영국 카레였다. 메이지 카레는 느끼했다. 식사 중에도 알렉스는 식탁 위에 팔꿈치를 대고 허리를 잔뜩 굽혀 먹고 있던 나에게 헛기침하며 주의를 주었다. 허리를 곧게 펴고 품위 있게 먹으라는 소리 같은데, 그렇게까지 해야 하나 싶었다. 그로부터 식사 예절에 대한 잔소리를 듣는 경우는 많이 없다. 장난 같기는 했으나 어울려 주기로 하고 고상한 척해보았다.

그는 입구 앞 웨이터의 품위 있는 안내 탓인가 이곳을 엄청나게 고급스러운 레스토랑으로 인식하고 있었다. 식탁 위에 놓인 나무젓가락만 봐도 긴장할 필요는 없어 보였는데 말이다. 그는 장난 반 진심 반으로 긴장하고 있는 콘셉트를 계속 유지했다. 덕분에 평소보다도 대화를 자중하고 조용하고 엄숙하게 밥을 먹어야 했다.

알렉스는 식사 후 물컵을 들 때도 우아한 손동작으로 새끼손가락을 하나 세워 장난스레 물을 마셨다. 그런 그를 보고 웃음을 참지 못하고 낄낄거렸다. 평소라면 폭소할 법한 모습을 보고 겨우 웃음을 참아내며 꾹꾹댄 것이다. 그는 내가 자기 손가락을 보고 웃는 줄 알고 자랑스럽게 웃어주었지만 내 눈에는 새끼손가락 따위는 보이지도 않았다. 내가 본 것은 고상한 자세를 유지하던 알렉스의 겉옷 팔 보풀에 달라붙어 공중 부양하고 있던 나무젓가락이었다.

내내 품위를 강조하더니 자기는 나무젓가락을 팔에 붙이고도 우아한 척 물을 마시고 있으니 웃음이 터진 것이다. 그가 눈치를 채고 팔을 내려다보며 자기도 모르게 빵 터지고는 간신히 웃음을 참았다. "넌 정말 코미디언이야."라고 한마디 해주자 "이런 게 진짜 코미디야."라며 자랑스러워했다.

조용해야 할 분위기에는 별 게 아닌 것도 너무나 우습다. 한숨 편하게 쉬기 위해서는 얼른 이곳에서 탈출해야 한다고 느꼈다. 계산을 해야 나갈 수 있을 텐데 알렉스는 '계산을 어떻게 하는 거지? 여기서 하는 건가?'하고 헷갈리고 있었다. 한국처럼 일본도 식사 후 계산대에서 돈을 내고 식당을 나오는 게 보편적이다. 영국에서는 거의 식탁에서 계산하니 그가 혼란스러워했던 것 같다.

"일본에서 식탁에서 계산하는 거 봤어? 여기 그렇게까지 고급 식당 아니라니까?"

"흠, 그런가? 일단 기다려 보자. 다른 사람들이 어떻게 계산하고 나가나 지켜보자."

"그냥 웨이터한테 물어보는 게 낫겠다. 저기요!"

웨이터가 다가오자 계산은 어떻게 하는지 물었다. 계산대 쪽을 가리키며 안내해 주기에 감사의 인사를 하고는 알렉스를 보았다. 어깨를 으쓱하고는 가방과 옷을 챙겨 계산을 하고 무사히 식당을 빠져나왔다. 입구에서 만났던 할아버지 웨이터가 또 정중하게 인사를 해 주었다. 우리도 고개를 숙이고 정중하게 인사드리고 나왔다.

나중에라도 진짜 고급 레스토랑에 가서 식사해야 할 때가 오면 얼마나 바보 같고 이상하게 굴지 상상도 안 간다. 그가 호들갑을 떨기에 괜히 아무렇지 않은 척했지만 속으로는 많이 움츠러들어 있었다. 차가운 눈길을 걸으며 숙소로 돌아가는 길, 기지개를 쭉 켜고는 그래도 좋은 경험이었다며 속 시원한 후일담을 서로 나눴다. 나무젓가락 소동을 다시 한번 되새기며 말이다.

고토켄 본점 레스토랑 셋카테이 五島軒本店 レストラン雪河亭

1879년에 창업하여 하코다테와 함께 성장한 양식 레스토랑이다. 러시아 요리와 빵을 판매하며 문을 열었으나 이후에는 서양 요리점이 되었다. 본점 건물은 국가 등록 유형 문화재로 지정되어 있다. 가장 인기가 많은 메뉴는 카레다.

주소 4-5 Suehirocho, Hakodate, Hokkaido 040-0053 영업시간 11:30~14:30 17:00~20:00 휴무일 화요일 홈페이지 https://gotoken1879.jp/restaurant/ 전화번호 0138-23-1106

개항 당시의 모든 것이
그대로 남아있는 곳

하치만자카 / 전통찻집 키쿠이즈미 / 하코다테시 구 영국 영사관
/ 파인 데이즈 버거

아침 일찍 하치만자카(八幡坂)를 방문했다. '자카'는 일본어로 언덕이란 뜻이다. 하치만자카는 영화 〈러브레터〉에서 주인공이 자전거를 타고 올라가던 길로도 유명하다. 많은 드라마와 광고의 무대가 되기도 했고 하코다테의 주요 관광지 중 하나다.

언덕의 가장 높은 곳에서 바다를 내려다보았다. 도로 양옆으로 한가득 쌓인 눈 풍경이 예뻤다. 여름이라면 양옆 가득 푸른 나무가 펼쳐진 풍경일 것이다.

하치만자카 근처에서 일본식 찻집을 발견했다. '키쿠이

즈미'라는 이름의 전통 있어 보이는 찻집이었다. 외관부터 예스러운 분위기가 났고 대문 앞의 소나무 하나가 운치를 더했다.

전통찻집 키쿠이즈미

문을 드르륵 밀고 들어가자 직원 할머니들이 상냥하게 응대해 주었다. 현관에서 신발을 벗은 후 신발장에 넣고 맨발로 안으로 들어갔다. 마치 일본의 오래된 가정집에 초대받은 듯한 기분이 들었다.

창가 자리에 다리를 접고 앉았다. 좌식에 익숙하지 않은 남자친구가 불편하지 않을까 했지만 그는 거뜬한 듯 보였다. 디저트 세트가 있기에 알렉스는 녹차를, 나는 커피를 각각 주문했다.

잠시 후 나온 디저트는 작은 그릇에 과일과 팥과 생크림, 참깨 아이스크림과 형형색색의 떡들이 옹기종기 담겨 있었다. 세트 메뉴로 함

께 나온 고구마 케이크는 달고 진한 향이 났다. 나무 숟가락으로 떡과 아이스크림과 팥을 한입에 넣는다. 달콤한 맛과 부드러운 식감이 일품이었다. 작게 올려진 딸기는 냉동인 듯했지만 상큼했다. 따뜻한 커피와 함께하는 향긋한 아침 식사였다.

커피를 마신 후에는 찻집 안을 구경했다. 작은 복도를 지나니 바다가 보이는 방 하나가 보였다. 찻집 안의 방 한 칸이 온통 일본 애니메이션 〈러브 라이브〉의 굿즈로 장식되어 있었다. 작품을 한 번도 본적은 없지만 그 유명세는 알고 있었다.

기웃거리며 신기해하니 직원 할머니 한 분이 보시고는 "팬이세요?"라고 물어보셨다. 나도 모르게 "지인이 팬이라서요…. 사진 찍어도 될까요?"하고 대답하니 할머니는 기쁜 듯이 "그럼요, 편하게 둘러보세요."라고 대답해주셨다. 나중에는 계산대 앞에서 러브 라이브 애니메이션 관련 사인본이 벽에 걸려 있는 것도 빼먹지 말고 보고 가라며 친절하게 알려주셔서 감사했다.

알렉스는 후에 나와 할머니의 대화를 전해 듣고는 '지인이 팬이라서요(知り合いがファンなので)'라는 말을 짓궂게 따라 하며 "할머니는 좋은 변명이라고 생각하셨을 거야. 팬인데 숨기는 사람이 하는 흔히 하는 말이니까"라고 장난으로 놀려 댔다. 설령 진짜 팬이었더라도 부끄러워할 일은 아니다. 오히려 만화를 보고 왔으면 더 좋았을 정도로 잘 꾸며져 있어서 아쉬웠다. 만화를 좋아하는 사람들에게 일본은 천국 같은 곳이다.

찻집을 나와 모토마치 공원 쪽으로 가본다. 지난밤에 실패했던 하코다테시 구 영국 영사관을 한 번 더 방문했다. 하코다테의 역사가 있는 장소이기도 하고 알렉스가 영국인이라 가보는 의미도 있었다.

하코다테시 구 영국 영사관

구 영사관은 박물관과 찻집으로 활용되고 있었다. 실제 사무실처럼 꾸며 놓은 곳을 구경하고 옛 사진과 설명을 읽어보았다. 일본도 한국처럼 쇄국하던 나라였으나 서양의 강요로 개국하게 되었다. 처음 항구를 열었던 장소 중 하나가 하코다테인데, 영사관 내의 박물관에는 개항과 관련된 자료들이 많았다. 개항 후의 복식 변화를 지켜볼 수 있는 점도 흥미로웠다.

영사관 내의 박물관에서 짧게 투어를 마치고 나오니 기념품 가게가 있었다. 귀여운 인형이나 영국 국기, 모자나 자석, 엽서가 있었다. 주위의 일본인 관광객들이 영국 관련 상품들을 구경하며 '와아, 영국에 온 것 같아'라고 말했다.

박물관 내 찻집에서는 애프터눈티 세트를 즐기는 사람이 많았다. 방금 찻집에서 떡과 아이스크림을 잔뜩 먹은 상태라 홍차만 홀짝 마셨다. 찻잎으로 우려낸 홍차여서 평소 티백으로 우려내어 먹는 것보다 훨씬 맛있었다.

오후의 홍차를 즐기는 행복한 휴식을 마친 후 다음 목적지인 공회당으로 향했다.

모토마치 공원 위쪽에는 문화재이자 박물관인 구 하코다테구 공회당이 있다. 회색과 노란색의 조합으로 화려하게 꾸며진 목조 서양식 건물 외관은 거대한 별장 같아 보이기도 한다. 개항 후 유럽 문명을 동경하던 메이지 시대의 흔적인지 내부는 무척이나 고급스럽고 이국적이다. 붉은 카펫으로 이어진 길을 따라 걷다 보면 유럽의 어떤 학교에 온 것 같은 기분이 든다.

실내에는 회의실과 귀빈 침실, 심지어는 화장실까지도 그대로 보존되어 있었다. 일본 황실 가족이 하코다테를 방문할 때면 이곳 공회당의 침실을 이용했다고 한다.

2층 발코니에서는 모토마치 주변 마을과 바닷가 항구까지도 훤히 내려다볼 수 있다. 아쉽게도 우리가 방문했을 때는 발코니가 개방되어 있지 않아 멀리 창을 통해서만 보았지만 그럼에도 멋진 풍경이었다.

파인 데이즈 버거

모토마치 마을을 천천히 걸으며 구경하다 보니 배가 고파졌다. '파인 데이즈 버거'라는 수제 햄버거 가게를 보고는 문을 열고 들어갔

다. 문 앞에서 마주친 주인 부부가 우릴 멈춰 세웠다. "지금 햄버거 메뉴는 하고 있지 않고 핫도그 메뉴밖에 없는데 괜찮으시겠어요?"라고 물었다. 순간 정적이 흘렀다. 입장하자마자 햄버거가 안 된다고 하는 말을 들어 먼저 당황했고, 두 번째로는 '핫도그'의 일본식 발음이 '홋또돗그(ホットドッグ)'여서 단어의 뜻을 이해하는 데 0.2초가 더 걸렸다. 웃으며 괜찮다는 대답을 한 후 자리에 앉았다. 햄버거가 아닌 핫도그면 뭐 어떤가! 상관없었다. 주문한 후 얼마 지나지 않아 핫도그 두 접시가 나왔다. 여자분이 친절하게 핫도그에 관해 설명해주고는 주방으로 들어갔다.

핫도그 안에는 구운 소시지와 치즈, 토마토소스가 잘 버무려져 있었는데 빵과 함께 한 입 베어 물으니 환상적인 맛이었다. 핫도그라는 메뉴가 상식을 초월할 만큼 맛있을 수 있다는 사실에 깜짝 놀랐다. 맞은 편에 앉은 알렉스도 맛있어서 환호하는 속마음을 간신히 감추며 엄지손가락만 계속 내밀어 보였다. 하코다테뿐만 아니라 삿포로 여행을 통틀어 가장 맛있었던 식당이 파인 데이즈 버거였다.

식사 후 계산대에서 여성분이 "음식은 입에 맞으셨나요?" 하고 물어보셔서 냉큼 "너무 맛있었어요." 하고 대답했다. 다행이라며 순수하게 웃으시는 찰나에 "그런데 왜 햄버거 메뉴는 안 하시는 거예요?"라고 묻자 옆의 남성분이 설

명해 주었다.

2월 한 달 동안은 이러저러한 이유로 햄버거는 안 하고 핫도그만 판매하고 있는데 3월이 되면 다시 햄버거 메뉴도 돌아온다고 한다. 아쉽다며, 다음에 꼭 햄버거를 먹으러 오겠다고 말하고 밖으로 나왔다. 8월에는 하코다테에서 여름 불꽃 축제가 있다. 당장 올해가 아니더라도 언젠가 여름에 하코다테를 방문할 수 있게 된다면 꼭 잊지 않고 파인 데이즈 버거를 다시 방문해야지 다짐하며 하코다테역으로 향했다.

하코다테 기차역에 도착한 시간은 3시 정도였다. 우리의 삿포로행 기차는 5시 52분에 출발할 예정이었으니 시간은 충분했다. 역 근처의 카페에서 커피와 딸기 케이크를 먹으며 4시간을 보냈다. 나는 여행에세이 원고를 쓰는 데에 모든 시간을 할애했고 알렉스는 책을 읽었다. 눈이 거대한 뭉치로 하늘에서 떨어지기 시작했다.

책을 덮은 알렉스가 "창밖 좀 봐, 눈이 와."라며 신난 듯 소리쳤다. 창밖의 맑았던 하늘은 감쪽같이 사라지고 회색 하늘 아래 눈보라가 몰아치기 시작했다. 삿포로로 가기 직전 만난 함박눈이었다. 밖에서 찬 바람을 맞으며 눈 속에 있을 때는 조금 힘들지만 카페 안에서 노곤하게 몸을 녹이며 눈이 쏟아지는 풍경을 보니 행복하고 편안하기만 했다. 곧 다가올 기차 여행에 대한 걱정도 불안도 없이 마냥 아이처럼 순수한 마음으로 좋아하며 눈 내리는 풍경을 즐겼다.

기차가 네 시간을 달려 삿포로역에 도착했을 때 우리는 지쳐 있었지만 마음은 하코다테에 대한 애정으로 가득 차 있었다.

사보 키쿠이즈미
茶房 菊泉

하코다테 모토마치에 있는 전통 건축물이자 찻집이다. 일본 애니메이션 〈러브라이브 선샤인〉에서 부모님이 운영하는 찻집으로 나와 팬들의 성지순례가 이어지고 있다. 현관에서 신발을 벗고 들어간다. 다다미 석과 항구를 내려다보는 테이블 석이 인기가 있으며 하코다테의 향토 요리나 제철 파르페, 젠자이(단팥죽) 등 일본 디저트가 다양하게 준비되어 있다.

주소 14-5 Motomachi, Hakodate, Hokkaido 040-0054 영업시간 10:00~17:00 정기휴일 목요일 홈페이지 https://twitter.com/sabo_kikuizumi

구 하코다테시 영국 영사관
旧イギリス領事館

1913년부터 1934년까지 영국 영사관으로 사용된 건물이다. 현재는 하코다테 항 개항 역사 박물관이자 찻집으로 사용되고 있다.

주소 33-14 Motomachi, Hakodate, Hokkaido 040-0054 영업시간 09:00~19:00 (11월~3월

은 17:00까지 운영) 입장료 300엔

구 하코다테구 공회당
旧函館区公会堂

1910년 지어진 서양식 목조 건물로 중요 문화재로 지정된 하코다테의 대표적인 역사적 건물이다. 화려한 연회장, 일본 천황이 하코다테를 방문할 때 사용한 숙소, 휴게실, 귀빈실 등이 보존되어 있다.

주소 11-13, Motomachi, Hakodate-shi, Hokkaido, 040-0054 영업시간 09:00~19:00 (11월~3월은 17:00까지 운영) 입장료 300엔

파인 데이즈 버거
ファインデイズバーガー

하코다테 모토마치 거리에 있는 수제 버거 전문점이다. 시기에 따라 핫도그만 판매하기도 하니 주의하자. 이국적인 분위기의 실내 인테리어가 특징이다.

주소 31-23 Motomachi, Hakodate, Hokkaido 040-0054 영업시간 11:30~18:30 (L.O. 18:00) 정기휴일 목요일과 둘째 넷째 주 수요일 휴무

눈 내리는 풍경은 우리를
순수했던 어린 시절로 돌아가게 만든다

5장 소소하고도 특별한 홋카이도 모험

눈 내리는 삿포로의
도시 산책

스스키노 거리 / 라멘 요코초 / 카페 랑방

　눈이 쏟아지는 삿포로 거리를 걷고 있었다. 하코다테 여행의 여파로 온몸이 뻐근했다. 해가 중천에 뜰 무렵 점심을 먹으러 나간 스스키노 거리를 어슬렁거렸다. 하늘에 구멍이라도 뚫린 듯 눈이 하염없이 내리고 있었다. 공기 중으로 서서히 낙하하는 눈은 마치 벚꽃이 지는 모습 같다.

　추울수록 뜨끈한 국물이 있는 수프 카레가 생각난다. 유명한 수프 카레 맛집 '스아게 플러스'를 찾았다. 외관은 어둡고 허름해 보이지만 인기가 굉장해서 줄이 길었다. 눈바람은 더욱 거세졌고 우리는 모자를 뒤집어쓰고 덜덜 떨며 한 시간을 기다렸다.

　마침내 가게로 들어가서 자리에 앉았을 때는 온몸이 꽁꽁 얼어붙어 있었다. 다행히 밖에서 줄 서 있을 때 주문해 둔 수프 카레가 앉자마자 도착했다. 국물을 먼저 한 스푼 떠서 먹었다. 따뜻하고 살짝 매

콤하다. 치킨과 채소가 카레 국물에 잘 녹여져 있어서 어느 하나 튀는 맛 없이 잘 어우러졌다. 밥을 국물에 푹 담가 치킨을 조금 잘라 함께 먹었다. 채소도 조금씩 덜어서 국물과 함께 먹으니 따뜻하고 행복한 맛이 났다.

식당을 빠져나와 눈길을 열심히 걸었다. 눈은 그치는가 싶다가도 다시 휘몰아치듯 내렸다. 스스키노에서 삿포로역까지는 가까운 편이다. 하코다테 여행 직후로 지쳐있어서 격렬한 여행보다는 쉬엄쉬엄 하루를 보내기로 했다. 삿포로역에는 JR타워나 다이마루, 스텔라 플레이스 등의 쇼핑센터가 많다. 이곳저곳 둘러보며 부모님 선물과 알렉스의 발렌타인 선물이 될 만한 것들을 찾아보았다.

알렉스의 발렌타인 선물은 벌써 받았다. 영국에서 그가 사 온 비비안 웨스트우드 목걸이였다. 어느 날 만화책 〈나나〉를 보고 만화에 내내 등장하는 그 브랜드에 호감이 생겨서 내가 몇 번 언급한 적이 있다. 그가 일본에 도착하자마자 짐을 풀고는 제일 먼저 준 것이 '이른 발렌타인 선물'이라는 그 목걸이였다. 기쁜 마음으로 받은 후 하루도 빠짐없이 착용하고 있다. 이제는 내 차례였다.

한국과 일본에서는 발렌타인데이라고 하면 여자가 남자에게 초콜릿을 주는 날로 인식되어 있지만 영국을 비롯한 다른 나라에서는 성별과 관련 없이 연인끼리 선물을 주고받는 날이다.

남자친구는 선물에 까다로운 사람이다. 한국에서 미리 생각한 선물 후보로 지갑, 시계 등이 있었지만 결국 그의 마음에 들 만한 것을 찾지 못해 일본에서 만나면 함께 쇼핑하며 찾기로 했다.

삿포로역의 쇼핑센터 스텔라 플레이스의 온 가게를 누비며 예쁜 지갑을 찾아 '이건 어때?' '저건 어때?' 물어본다. 그는 시큰둥한 표정으로 바라보더니 '저쪽에 있는 시계 코너 좀 보고 와도 돼?'하고 묻는다. 그를 따라 시계가 잔뜩 전시된 가게를 한 바퀴 돌며 구경했다. 그는 손목시계를 좋아한다. 카시오 브랜드의 지샥 모델을 특히 예쁘다며 보고 있었다. 선물로 사줄까 하니 그는 손을 흔들며 거절했다. 가격이 비싸다며 말이다. 근처에 빅카메라(카메라와 가전제품 등을 파는 대형 체인점)가 있는데 보고 오고 싶단다.

다리가 아프고 피곤했던 나는 잠시 쉬었다 가자고 제안했다. 쇼핑센터 안 카페에 들어가 홍차를 한 잔 마셨다. 피로가 풀리는 듯했다. 눈이 쏟아지는 창밖으로 건너편 건물의 빅카메라가 눈에 들어왔다. "다리 많이 아프지? 네가 홍차 마시고 있는 동안 혼자라도 비쿠카메라(빅카메라)에 다녀올까?" 순간 솔깃했다. 하지만 아무리 피곤해도 발렌타인 선물을 혼자서 고르게 할 수는 없었다. 홍차의 마지막 남은 한 방울을 흡입하고는 기운을 차렸다. 빅카메라가 있는 쇼핑센터 에스타(ESTA)로 향했다. 다양한 백화점과 쇼핑몰이 있는 다이내믹 삿포로 역이다.

빅카메라에 도착하자마자 시계 파는 코너를 찾았다. 그가 열중하며 구경하더니, 서 있던 내게 세 가지 후보가 있다며 하나씩 소개했다. 하얀색, 검은색, 남색 시계였다. 남색이 가장 예뻐 보였다. 그는 기쁜 듯 자기도 그렇게 생각한다고 말했다.

시계를 구매하고 나오는 길, 그는 행복한 표정을 감추지 못했다. 조심스럽게 포장지를 열고 상자 안에 가지런히 놓인 시계를 보며 싱글벙글했다. 하루 종일 시계를 착용하고는 멋지지 않냐며 폼을 잡는다. 묻지도 않는데 '아, 이 시계 말이야?'하고는 자랑을 시작한다. 좋아하는 모습을 보니 기쁘고 다행이다.

라멘 요코초

숙소 근처에는 '라멘 요코쵸(라멘 골목)'가 있다. 관광 명소 중 하나로 가이드 북에도 소개되어 있는데 항상 사람들이 줄을 섰다. 한두 번 지나다니면서 확인해 볼 때마다 늘 사람이 많아 엄두도 못 내보고 그냥 다른 식당으로 가곤 했다.

그날은 밤늦은 시간이라 사람이 별로 없지 않을까 기대하며 골목으로 향했다. 깜깜한 하늘 아래 밝게 빛나는 스스키노의 전광판 사이를 지나 도착한 라멘 요코쵸에는 역시나 평소보다는 적은 사람들이 줄을 서 있었다.

"가게가 너무 많아. 어디가 맛집일까?"

"그냥 아무 데나 사람들이 줄 많이 서 있는 곳에 같이 서 있자."

"뭐어?"

알렉스는 내 말에 경악했다. 자기 머리로 생각해서 선택하라나 뭐라나. 남들이 선택해서 줄 서 있는 곳이 진짜 맛있는 식당일 확률이 높은데 말이다. 결국 아무도 줄 서 있지 않은 식당을 골라 들어갔다. 배도 고팠고 그런 모험도 해 볼 만 하다고 생각했다. 자신과 다른 사람(= 알렉스)과의 만남은 이런 이유로 신선함을 주고 가끔은 필요한지도 모른다. 늘 나와 비슷한 생각을 하는 사람하고만 교류한다면 평소와 다른 모험이나 생각을 할 수 없으니 말이다.

우연히 발견해서 들어간 식당은 '토라야 식당'으로 4대째 이어져 오는 곳이었다. 매운 미소라멘에 도전했다. 삿포로가 아무리 미소라멘으로 유명하다고 해도 매번 미소라멘만 먹는 것에는 조금 질렸던 참이다.

미소라멘이 약간 느끼한 편이라면 매운 미소라멘은 그런 느끼함을 잡아주는 매콤함이 있어 좋았다. 알렉스와 단둘이 식당을 차지하고 라멘을 먹는데 등 뒤에 있던 문으로 누군가 들어오는 소리가 들렸다. 억양으로 보아 미국 사람들이었다. 미국인 세 명이 오른쪽에 나란히

앉아 '한번 해 보자! (Let's do it)'라며 라멘을 주문하고 있었다. 주문한 후 직원에게 반말로 '아리가토(고마워)'라고 말하는 걸 보고 속으로 '아이고!'라는 탄성이 절로 나왔다.

식사를 마치고 식당을 나왔다. 눈축제 이후로 외국 관광객이 조금 줄었나 싶었는데 아직 많았다. 삿포로의 2월은 여전히 여행의 달이었다.

카페 랑방

커피를 사랑하는 나와 달리 남자친구는 커피에 관심이 없다. 나도 커피에 대한 지식이 풍부하거나 조예가 깊은 것은 아니다. 커피 맛에 대한 기호가 확실할 뿐이다. 남들에게 맛있는 커피가 나에게 맛있으리라는 법은 없다. 그럼에도 커피 맛이 훌륭하다고 알려진 삿포로의 '카페 랑방'에는 꼭 가보고 싶었다. '책을 쓰기 위해서'라는 말에 알렉스도 적극적으로 움직였다. 그는 나보다도 책에 대해 진심이다. 어떤 날은 그저 게으르게 가만히 누워 쉬고만 싶은데도 '책을 써야 하는데 아무것도 안 하면 어떡해'하며 재촉한다.

점심을 먹으러 샌드위치 집 사에라에 갔을 때도 희한했다. 너무 맛

있는 식당이라 한 번 그곳에서 더 먹고 싶었고 그에게도 소개해 주고 싶어 데려갔는데 '이미 갔던 곳인데 또 가면 책 소재로 못 쓴다'라며 울상이다. 그 마음이 고맙기도 하고 피곤하기도 하다. 덕분에 풍부하고 좋은 책이 될 것 같아 역시 고마운 마음이 더 크다.

카페 랑방의 인테리어는 어두운 갈색이 메인이었다. 오래된 커피 기계가 전시되어 있었다. 메뉴를 보니 커피 종류가 무척 다양했다. 커피 원두를 고를 수 있고 커피를 만드는 방식도 직접 선택할 수 있었다. 프랑스식도 있고 이탈리아식도 있었는데 80엔이 추가되기는 해도 가장 좋아하는 이탈리아식으로 선택했다.

원두는 잘 모를 때 보통 메뉴의 첫 번째 것을 선택하는데 모험 삼아 두 번째의 코스타리카 원두를 골랐다. 알렉스는 홍차와 초콜릿케이크를 주문했다. 카페에 먹으러 오는 사람답다.

예쁜 찻잔에 커피와 홍차가 담겨 나왔다. 웨이터가 친절하게 '커피를 마시기 전에 탄산수를 먼저 드세요'라고 설명해 주었다. 탄산수를 한 입 마셔 깔끔한 입가에 커피가 한 모금 들어왔다. 따뜻한 커피는 향도 좋았지만 익숙한 쓴맛이 났다. 일본에서 먹는 커피는 보통 신맛이 강해서 좋아하지 않는데 신맛도 나지 않았다. 알렉스가 물었다.

"맛있어?"

"솔직히 말해서 그동안 일본에서 마신 커피 중 제일 맛있어. 신맛도 안 나고 너무 깔끔해."

"잘됐네, 그럼."

"반응이 그게 다야?"

"축하해!" (짝짝짝 손뼉을 친다)

커피에 전혀 관심이 없는 그는 미적지근한 반응을 보였지만 나로서는 염원하던 맛있는 커피집을 발견하여 기쁜 마음 가득이었다. 커피가 식기 전에 한 입씩 계속 마셨다. 식은 커피는 아무래도 맛이 없다. 마지막 한 모금은 그대로 두고 카페를 나왔다.

* 스파카츠

스파게티와 돈가스의 퓨전 요리를 본 적이 있으신지? 이탈리아 사람들이 본다면 어떤 마음일지 궁금하다. 스스키노 근처 타누키코지 상점가에 있는 오랜 역사를 자랑하는 식당 '라이온'에서 식사를 했다. 메뉴에 '스파카츠'라는 독특한 음식이 있었는데 홋카이도 명물이라고 해서 호기심을 가지고 주문해 보았다. 홋카이도 쿠시로 지역에서 처음 만들어진 음식으로 스파게티 면에 돈가스를 올리고 소스를 얹었을 뿐이지만 독특한 조합이라 흥미로웠다. 스파게티 양념이 진하게 배어든 면과 느끼한 돈가스의 조합인데 개인적으로 취향은 아니었다. 돈가스는 역시 흰 쌀밥과 먹는 게 최선 아닐까?

스아게+(플러스)
Suage+

삿포로의 수프 카레 전문점으로 스스키노 거리에서 가까운 곳에 있다. 한국에 분점이 생길 정도로 한국 사람들에게도 인기가 많다. 홋카이도의 신선한 작물과 진한 소스를 녹여낸 대표적인 수프 카레 맛집이다.

주소 Hokkaido, Sapporo, Chuo Ward, Minami 4 Jonishi, 5 Chome-6-1 都志松ビル 2F 영업시간 11:30~21:00 (토요일은 21:30 까지) 홈페이지 https://suage.info/

삿포로 스텔라 플레이스
札幌ステラプレイス

JR 삿포로역과 연결되어 있으며 지하 1층부터 지상 9층까지의 대형 쇼핑몰이다. 6층의 '스텔라 다이닝'에는 일식과 양식, 중식 등 30개 이상의 식당이 입점해 있다.

주소 2 Chome Kita 5 Jonishi, Chuo Ward, Sapporo, Hokkaido 060-0005 영업시간 쇼핑 10:00~21:00 레스토랑 11:00~23:00

홈페이지 http://www.stellarplace.net.e.ow.hp.transer.com/

원조 삿포로 라멘 요코쵸
元祖さっぽろラーメン横丁

1950년대에 만들어진 라멘 전문점들이 모여 있는 라멘 골목으로 홋카이도를 대표하는 관광 명소다. 라멘집마다 개성이 있어 미소라멘을 먹어도 조금씩 맛이 다르다. 원조라는 이름처럼 '라멘 골목'이라는 이름을 사용하는 다른 골목도 스스키노에 있으니 찾을 때 헷갈리지 않게 주의하자.

주소 Hokkaido, Sapporo, Chuo Ward, Minami 5 Jonishi, 3 Chome-6 N·グランデビル 1F 영업시간 가게마다 상이 홈페이지 http://www.ganso-yokocho.com/

토라야 미소라멘

카페 랑방
CAFE RANBAN

정성스럽게 고른 커피 원두를 직접 로스팅한다. 원두를 포함해 커피를 만드는 방식까지도 직접 고를 수 있는 것이 특징이다. 아침 일찍 (8시부터 11시까지) 방문하면 '모닝 서비스'라는 이름의 아침 세트 메뉴를 주문할 수 있다. 모닝 서비스는 블렌드 커피와 달걀, 잼, 토스트가 함께 나온다.

주소 5 Chome-2 0 Minami 3 Jonishi, Chuo Ward, Sapporo, Hokkaido 060-0063 영업시간 08:00~19:00 (라스트 오더 18:30) 홈페이지 www.ranban.net/

비어 홀 라이온 타누키코지 점
ビヤホールライオン 狸小路店

예스러운 분위기의 경양식 식당이다. 스파게티나 함바그 스테이크와 같은 양식 메뉴가 있다. 1914년에 개업한 홋카이도에서 가장 오래된 맥주 가게다. 삿포로 맥주에서 인수한 후 현재 긴자 라이온의 체인 레스토랑으로 경영 중이다. 철판 스파카츠(스파게티와 돈가스의 퓨전 요리)라는 색다른 음식이 있으니 도전해보자!

주소 Hokkaido, Sapporo, Chuo Ward, Minami 2 Jonishi, 2 Chome-7 サッポロビル 영업시간 11:30~22:00 (라스트 오더 21:30) 일요일 11:30~21:00 홈페이지 https://www.ginzalion.jp/shop/brand/lion/shop38.html

스파카츠

일본 백화점에는
특별한 즐거움이 있다

아리오 백화점

아침 일찍 알렉스의 독촉으로 일어났다.

책을 쓰려면 소재가 있어야 하는데 하코다테 여행 이후로 쉬느라 책에 쓸 내용이 없다는 것이었다. 삿포로에 한 달 동안 지내며 가볼 만한 곳은 거의 다 가본 것 같았지만 눈을 비비며 다시 여행지를 모색해 보았다.

나는 이미 동생과 가봤지만 알렉스는 아직 방문하지 않은 곳이 두 곳 있었다. 바로 홋카이도 대학과 삿포로 맥주 박물관이었다. 그에게 제안하자 그는 살짝 감동받은 얼굴로 "정말?"이라고 되묻는다. "하지만 너의 책을 위해서는 갔던 곳에 또 갈 수 없는 거잖아."라고 말한다. "그래도 너랑 가는 건 또 색다르지!" 하며 달래본다. 알렉스의 여행과 책을 위해 우리는 그렇게 홋카이도 대학과 맥주 박물관을 다시 방문하게 된다.

홋카이도 대학 박물관과 삿포로 맥주 박물관

"홋카이도 대학 박물관이 일요일에도 열까? 온라인에는 연다고 되어있긴 한데…" 확실하지 않은 걸음으로 도착한 홋카이도 대학은 정문부터 내부가 온통 새하얀 눈으로 뒤덮여 있어 길을 찾기 힘들었다.

마침내 도착한 박물관은 밖에서 볼 때는 창문 안이 깜깜하게 보였다. 알렉스는 "오픈한 거 맞아?" 하며 기웃거렸고 나는 왠지 모르게 개장했음을 확신하고 문을 열었다.

알렉스는 모든 게 처음이지만 나는 두 번째 방문이었다. 동생과는 2층까지만 둘러본 후 피곤해서 도중에 내려왔지만 알렉스와는 3층까지 전부 관람했다. 1층에는 홋카이도 대학의 역사와 관련된 전시가 많았고 2층에는 학과 소개와 맘모스 박제 등 동물 박제가 많았다.

3층에는 공룡 화석을 전시한 방이 있어 흥미로웠다. 서너 살쯤 되어 보이는 아이가 스크린 속 공룡 프로그램에 굉장히 몰두해 있는 동안 아이의 엄마는 옆에서 살짝 지친 듯한 표정으로 앉아 쉬고 있었

다. 가족과 함께 오기에도 좋은 장소였다.

계단을 내려가 1층에 있는 카페에 들렀다. 지난번에 왔을 때는 커피와 아이스크림만 먹었지만 그날은 배가 고파 맘모스테이크라는 이름의 함박스테이크를 먹었다. 알렉스와 나란히 앉아

같은 메뉴를 먹고 커피를 마신 후 그에게도 아이스크림을 추천했다. 홋카이도의 우유는 맛있기로 유명하다며 권하자 그는 당장 일어나 소프트콘 하나를 사 왔다. 한 입씩 나눠 먹고 그제야 자리에서 일어났다.

다음 목적지는 삿포로 맥주 박물관이었다. 동생과 가본 곳이지만 알렉스에게는 처음인 곳이라 내가 가이드하는 기분이 들었다.

전에는 지하철을 타고 갔고 그날은 버스를 타고 갔다. 삿포로역에서 맥주박물관으로 가는 직행버스를 타니 중간에 멈추는 정거장이 없어 편했다. 맥주 박물관에 도착한 후 천천히 구경하고 맥주 시음하는 곳으로 가 보니 사람이 많았다. 30분은 기다려야 주문을 할 수 있을 것 같았는데 엄청난 줄을 본 알렉스는 바로 포기를 선언했다.

"나야 수정이랑 왔을 때 마셔봤으니까 괜찮지만 너는 아쉽지 않겠어?"

"아니, 괜찮아. 줄 서서 기다리는 것보다는 그냥 집에 가는 게 나아."

"그럼 기념품 가게나 구경할까?"

"그러자."

기념품 가게는 맥주 시음 코너보다는 훨씬 사람이 적었다. 그와 잠시 떨어져서 각자 취향대로 선물을 골랐다. 나는 엄마에게 드릴 티셔츠와 아빠에게 드릴 작은 맥주캔을 하나 손에 집어 들었다. 그때 알렉스가 기쁜 표정으로 다가와서는 벽에 있던 냉장고를 가리켰다. 시음을 못 해본 대신에 맥주를 한 병씩 세 개 사겠다는 것이다. 조금만 기다리면 싸고 편하게 마실 수도 있을 텐데, 알렉스다운 방법이었다.

거의 두 배 가격으로 사서는 무거운 병을 들고 내내 걸어 다녔던 알렉스는 그래도 그날 밤 만족스럽게 맥주를 마셨다. 비록 오프너가 없어 맥주 뚜껑을 열지 못해 오래 고생하다가 기괴한 방법으로 열어 마시기는 했지만 말이다.

아리오 백화점

맥주 박물관을 나와서 맞은편에 있는 아리오 백화점에 갔다. 밖에서 볼 때는 분홍색의 따분해 보이는 건물이라 기대가 없었는데 내부는 화려하고 볼거리가 많았다. 일본 백화점은 다른 나라 백화점보다 재미있는 구석이 있다. 쇼핑할 공간과 즐길 공간, 쉴 만한 공간, 둘러볼 공간이 넉넉하다.

아리오 백화점에 있는 서점에 들러 책을 몇 권 샀다. 알렉스에게 한국어 교재를 하나 선물해 주기도 했다. 영어가 아닌 일본어로 한국어를 공부하게 하는 게 그에게 편할지도 모른다는 기대감에서였다. 그는 한참을 감동하며 고마워했다.

백화점에는 층층이 카페가 있었는데 걷다가 우연히 발견한 '산 마르크' 카페에 들어갔다. 카페에 가면 주로 아이스 아메리카노를 마시

지만 그날은 달랐다. 커피 젤리(코-히 젤리)라는 디저트를 발견했기 때문이다.

삿포로에 와서 시청하기 시작해서 다 본 〈사이키 쿠스오의 재난〉이라는 일본 애니메이션이 있는데 초능력자 고등학생의 일상 이야기이자 코미디다. 별생각 없이 틀었다가 재미있어서 내내 웃으면서 봤다.

주인공은 무뚝뚝한 성격이지만 디저트인 '커피 젤리'를 좋아하는 귀여운 면이 있다. 커피 젤리라는 디저트를 일본에 살면서도 한 번도 본 적이 없어 만화 속 가공의 디저트라고 생각했다.

그런데 커피 젤리라는 메뉴가 실제로 존재할 줄이야! 산 마르크 카페는 여러 번 가본 곳인데도 그동안 눈치채지 못했다. 늘 블랙커피만 마시느라 다른 디저트에는 눈길도 준 적이 없었다.

커피 젤리는 아이스크림에 커피 젤리가 붙어있는 디저트였다. 호기심에 먹어 보았지만 말캉한 식감이 취향은 아니었다. 커피 맛과 향이 풍기는 아이스크림이라는 점에서는 혁신적이었지만 끝까지 다 먹을 수 있을 만한 음식은 아니었다. 알렉스는 유자 맛 음료를 먹었다. 언제나 달고 상큼한 음료에 도전하는 그는 늘 한결같아서 다행이다.

하얀 눈밭 위
크리스마스트리

아사히카와 라멘 아오바 / 비에이

흰 눈으로 덮인 평지에 나무 한 그루가 우뚝 서 있는 풍경을 본 적이 있다.
크리스마스 나무만을 바라보고 무작정 떠났다.
목적지가 어느 때보다도 단순했다. 비에이, 크리스마스 나무,
크리스마스트리.

비에이는 사계절 아름다운 절경으로 유명하다. 여름에는 푸른 자
연이, 겨울에는 하얀 언덕 위의 나무가 떠오르는 장소다. 크리스마스
나무 같은 유명 관광지 외에도 폭포나 호수 등의 자연환경이 훌륭한
관광 명소다. 대중교통으로 가기 어려워 보통 투어를 통해 버스를 타
고 가는데 우린 기차를 여러 번 갈아타는 모험을 해 보았다.

비에이에 가기 위해서는 먼저 삿포로에서 아사히카와까지 기차를
타고 가서 다시 다른 열차로 갈아타야 한다. 그다음은 아사히카와에

가서 생각하자는 계획으로 길을 나섰다. 아사히카와에 있는 동물원에 가는 것으로 비에이를 대신하자는 의견도 나왔지만 동물원에 있는 동물들에 대한 연민이 가득한 알렉스의 주장으로 기각되었다.

아사히카와 라멘 아오바

아사히카와에는 점심쯤 도착해서 바로 라멘을 먹으러 갔다. 역에서 조금 걷다 보면 나오는 '아사히카와 라멘 아오바'는 그 동네 유명 맛집이었다. 문을 열고 들어서자 할머니가 자리가 만석이니 따라오라며 손님들이 편하게 기다릴 수 있게 마련해 놓은 대기실로 안내해 주었다. 앉아 있자 한두 명씩 다른 손님들도 들어왔다. 잠시 후 앞치마를 두른 라멘집 할아버지가 문을 열고 메뉴판을 건네주었다.

"뭐 주문할 거야? 여긴 다 맛있어."

특이하게도 존댓말이 아닌 반말로 물었다. 우리뿐만 아니라 다른 일본인 손님에게도 반말을 했다. 손님을 대할 때 존댓말을 쓰지 않는

것이 너무나 신선했고 개인적으로는 친근감이 들어 좋았다. 우리에게 "어느 나라에서 온 거야?"라고 묻기에 "영국과 한국에서 왔어요."라고 대답하자 나라 이름을 주문서에 적는 것도 같았다.

우리 다음 손님이었던 할머니는 "도쿄에서 왔어요."라고 대답했다. 할아버지는 왜인지 계속 손님들의 고향을 묻고는 주문서에 메뉴와 함께 고향을 적었다.

홋카이도를 대표하는 라멘 도시로 삿포로, 하코다테, 아사히카와가 있다. 지역마다 인기 있는 메뉴도 다르다. 삿포로는 미소(된장)라멘, 하코다테는 시오(소금)라멘, 아사히카와는 쇼유(간장)라멘이다. 아사히카와에 왔으니 쇼유라멘을 먹어야 한다. 차슈가 가득 담긴 쇼유라멘은 홋카이도에 와서 먹은 음식 중 가장 맛있었다.

일본 라멘은 보통 짠맛이 강하고 차슈는 느끼하거나 비린 맛이 나기도 한다. 아오바에서 먹은 쇼유라멘은 달랐다. 깔끔한 국물에 간이 완벽하게 되어 있어 짜지도 싱겁지도 않았다. 꼬들꼬들한 면발도 탄

력이 있었다. 알렉스도 국물까지 싹 비울 정도로 만족스럽게 식사를 마쳤다.

계산을 마치고 식당을 나와서는 조금 들뜬 발걸음으로 역을 향해 걸었다. 기대하지도 않은 곳에서 맛있는 음식을 만나니 신이 났다.

아사히카와역에서 작은 열차를 타고 비에이로 가는 길, 열차 안에는 외국인이 많이 없어 조금 쑥스러워졌다. 비에이는 관광지로 유명한 곳이지만 가는 길이 까다롭다는 이유로 보통 관광버스를 타거나 운전이 가능한 사람들은 차를 빌려서 간다. 우리는 조금 투박한 수단인 기차를 타고 간다.

비에이 역에 도착하자마자 관광 안내소를 발견했다. 매섭게 내리던 눈이 서서히 그치고 있었다. 살짝 햇빛이 보이는 듯도 했다. 안내소 직원에게 물었다.

"크리스마스 나무를 보고 싶은데요."

"택시를 불러드릴까요?"

"네 부탁드려요!"

안내소의 직원은 친절했다. 곧바로 전화를 걸더니 한 택시 운전기사와 대화를 나누었다. 얼마 지나지 않아 안내소 앞으로 택시가 도착하고 운전기사가 문을 열어 주었다. 직원은 운전기사와 인사를 나눈 후 우리에게 행운을 빌어주고 안내소 안으로 들어갔다. 운전기사는 날이 좋아 다행이라고 말했다.

택시가 눈 쌓인 언덕을 굽이굽이 달리고 있다. 내 눈은 미터기에 올라가는 숫자만을 바라보고 있었다. 천엔, 천 5백엔… 2천 엔쯤 되었을 때 택시는 우리가 원하던 목적지에 도착했다. 택시 기사 아저씨는 미터기를 켜둔 채 기다릴 테니 자유롭게 다녀오라고 말해주었다. 20분 후에 돌아오겠다고 약속한 후 택시에서 내렸다.

새하얀 언덕 위로 아무것도 없었다. 크리스마스 나무 하나만이 외롭고 웅장하게 서 있었다. 크리스마스트리를 연상시켜서 크리스마스 나무라는 이름이 붙었다고 한다. 여행을 준비하며 사진과 영상으로 수없이 봐온 장면이었다. 실제로 보니 비현실적으로 느껴졌다.

눈이 가득 쌓인 나무를 배경으로 사진을 찍던 일본인 부부가 보였다. 어린아이를 한 명씩 번갈아 안아 들고는 서로의 사진을 찍어 주고 있었다. 나는 부부에게 다가가 인사를 건네고 사진을 찍어달라고 부탁했다. 여자분은 흔쾌히 요청에 응해주고는 사진을 여러 장 찍어주었다. 심지어는 뒤를 돌아보라는 디렉팅까지 해줄 정도였으니 꽤 열정이 있는 분이었다.

핸드폰을 돌려주면서는 "사진을 체크해 주실 수 있을까요? (写真チェックしてもらえますか)"라고 적극적이고도 공손한 어투로 물어봐 주었다. 핸드폰을 받아 들고 사진첩에 들어가 찍어준 사진을 한 장씩

보고는 '와아'하고 감탄했다.

감사 인사를 드리니 부부도 수줍게 사진을 찍어달라는 부탁을 했다. 은혜 갚는 까치의 마음으로 최선을 다해 아기와 부부의 모습을 크리스마스 나무와 함께 담았다. 언젠가 비에이에서 만났던 작은 인연으로 우리를 기억해 주면 좋겠다. 일본에 와서 일본 사람들이 항상 친절했던 것은 아니지만 그래도 대부분은 다정한 태도로 대해주었다. 늘 웃어주었고 배려해 주었다.

택시 운전사 아저씨에게 돌아갔다. 택시는 눈길을 지나 비에이 역으로 돌아왔다. 택시비가 5천엔 정도가 나왔지만 걱정했던 만큼 사악한 금액은 아니라 안심했다. 관광 안내소에 들어가 감사 인사를 꾸벅했다.

안내소에 있는 기념품 가게도 둘러보았다. 비에이 풍경 사진이 담긴 엽서를 두 장 샀다. 알렉스는 '켄과 메리의 나무'가 그려진 엽서를 찾는 중이었다. 너무나 필사적으로 찾길래 이유를 물었더니 그는 황당하다는 말투로 대답했다.

"기차에서 내가 얘기했잖아! 우리 할머니, 할아버지 이름이 메리랑 켄이라고!"

"진짜로? 대박이다!"

"아까 얘기했는데 왜 지금 놀라는 거야!"

"미안, 딴짓하느라 못 들었나

봐."

"근데 카드에는 일본어로만 쓰여 있고 영어로 쓰인 엽서는 없어. 사진 밑에 조그맣게 '켄과 메리의 나무 (Ken and Mary's Tree)'라고 적힌 엽서가 있으면 그걸로 사고 싶은데."

켄과 메리의 나무 역시 비에이의 언덕에서 볼 수 있는 아름다운 나무 중 하나이다. 일본 자동차 브랜드 닛산의 제품 광고에 나와 유명해진 포플러나무다. 크리스마스 나무에만 집중하느라 다른 나무는 보러 가지 않았는데 알렉스의 조부모님 이름과 같았다니! 다시 갈까 물었지만 그는 사양했다. 결국 일본어로 켄과 메리의 나무 (ケンとメリーの木) 라고 적힌 사진엽서를 한 장 사고 말았다.

아사히카와 라멘 아오바 旭川らぅめん青葉

1947년에 처음에는 포장마차로 시작한 라멘집이 크게 성공하여 삼대째 운영 중이다. 대표 메뉴는 쇼유라멘이다. 전국에서 몰려와 맛보는 전통 있는 맛집이다.
주소 北海道旭川市2条通8丁目二条ビル1階 / Nizyou Bld.1F, 2-jodori-8 영업시간 09:30~14:00, 15:00~17:30 정기휴일 수요일 전화번호 0166-23-2820

홋카이도 3대 야경의
마지막 장소

모이와야마 산정 전망대

삿포로역 근처 백화점 스텔라 플레이스의 일식집 '잇핀'을 방문했다. 귀국 전에 먹어보고 싶은 음식이 있었는데 바로 부타동(돼지고기 덮밥)이다. 부타동은 간장소스로 양념한 돼지고기가 밥 위에 가지런히 올려져 있었다. 젓가락으로 고기를 들어 아래 놓인 흰 쌀밥과 함께 한입에 넣어 먹었다. 보드랍고 달콤하면서 짜고 자극적인 맛이 입안 가득 번져 온다.

모이와야마 산정 전망대

홋카이도의 3대 야경으로는 하코다테산, 오타루 텐구야마 전망대, 삿포로 모이와야마 산정 전망대가 꼽힌다. 오타루와 하코다테의 산에서 보이는 야경이 바다를 둘러싼 작은 해안가 마을의 반짝이는 불빛이라면, 삿포로의 야경은 도시의 불빛이다. 오타루 텐구야마와 하코다테산 야경에 이어 삿포로 야경을 기대하는 마음으로 모이와야마에 올랐다.

하늘이 파랗고 구름이 보이지 않았다. 흐리고 눈 오는 날에는 산꼭대기에 올라도 야경은커녕 발밑도 보이지 않아 전망대에 가는 의미가 없다. 맑은 날씨를 확인하고 모이와야마로 향했지만 갈수록 하늘이 흐려지고 주위가 어두워졌다. 급기야 눈이 조금씩 내리기 시작했다.

스스키노 거리의 정류장에서 노면 전차(시덴)를 타고 모이와야마의 루프웨이를 타는 장소로 이동했다. 전차 안에서 창밖이 점점 캄캄해지는 것이 보였다. 이동하는 동안 눈발은 점점 더 거세지고 있었다.

로프웨이를 타고 모이와야마 정상까지 올라갔다. 끼익하는 소리와 함께 천천히 움직였다. 정류장에 내린 후 외부로 나가기 위해 계단을 한 칸 더 올라갔다. 마침내 전망대에 도착한 순간 보이는 풍경은 삿포로 전경이 아닌 뿌옇고 하얀 안개

뿐이었다. 주변의 관광객들 역시 모두 실망한 눈치였다. 혹시 잠시 기다리면 눈이 멎고 하늘이 맑아지지 않을까 하는 기대감으로 전망대 아래의 카페로 내려갔다.

따뜻한 홍차를 마시며 눈이 그치기

를 빌었다. 차는 조금씩 식어갔지만 눈발은 심해지기만 했다. 동행한 알렉스는 헛웃음을 치며 '삿포로에 그동안 있으면서 이 정도로 눈이 많이 온 적은 없었던 것 같은데, 이게 제일 최악의 날씨 같은데 하필이면 오늘…'하며 운이 없음을 탓했다.

시간은 흐르고 눈발은 더욱 거세졌다. "이제 그만 포기하고 돌아가자…" 돌아서기 직전, 마지막으로 한 번 더 전망대에 올랐다. 눈을 제대로 뜰 수도 없을 만큼 사납게 눈이 휘몰아치고 있었다.

그때 '데-엥'하고 종소리가 들렸다. 전망대 한 가운데에 '행복의 종'이 있었다. 연인이 함께 종을 울리면 사랑이 이루어진다고 한다. 악천후로 사람이 많지 않았다. 몇 명이 줄 서서 종 울리는 순서를 기다리고 있었다. 우리도 줄에 합류했다.

연인과 함께 종을 쳐야 한다지만, 혼자서도 종을 울려보고 싶었다. 혼자 계단 위로 올라가 종에 달린 끈을 잡았다. 알렉스가 카메라를 들고 내 모습을 찍어주고 있었다. 그를 보며 환하게 웃었다. 그러고는

셔터음이 두어 번 들렸다. 알렉스는 카메라를 뒷사람들에게 건네주며 부탁의 말을 전하고 서둘러 내 곁으로 왔다. 젊은 일본 여성 두 명이었다. 그 중 한 사람이 카메라를 들고 셔터를 눌러 주었다. 함께 종을 울리며 밝은 미소를 지었다. '데-엥' 하는 소리가

귓가에 울려 퍼졌다.

행복의 종을 울린 후 곧바로 내려와 카메라를 받아 들고 '감사합니다'라고 말했다. 추위에 얼굴이 터질 것 같아 그 길로 얼른 전망대를 빠져나왔다. 계단을 내려오는 중에 어깨를 툭 치더니 알렉스가 실실거리며 말했다.

"네가 들으면 기분 좋아할 소식이 있어."

"뭔데?"

"네가 혼자 종 울리는 동안 내 뒤에 있던 일본 여자아이들이 한 말이야."

"뭐라고 했는데?"

"아노코 카와이이. (あの子可愛い, 저 애 귀여워)"

"뭐? 진짜?"

"응, 내가 외국인이라 일본어를 못 알아들을 줄 알았나 봐."

"너무 고맙다. 기분이 갑자기 확 좋아지네!"

쏟아지는 눈 탓에 모이와야마 전망대에서는 기대하던 삿포로의 야경을 볼 수 없었지만, 나를 '귀엽게' 바라봐 준 두 일본 여성 덕분에 행복한 마음으로 하산할 수 있었다.

여행지에서 낯선 사람들과 가끔 서툰 마음을 나눌 수 있다면 그건 행운이다. 사진을 찍어달라고 부탁하거나 길을 묻거나, 떨어진 물건을 주워준다든지 하며 작은 친절과 배려가 오가는, 여행지의 어색하면서도 따뜻한 만남을 나는 사랑한다.

모이와야마 산정 전망대
もいわ山山頂展望台

삿포로 서남쪽에 있는 모이와산 정상에 있는 전망대이다. 맑은 날에는 삿포로 전경을 볼 수 있다. 눈보라가 치거나 안개나 구름이 많이 낀 날에는 야경을 볼 수 없으니 주의하자. 전망대 가운데에 있는 '행복의 종'을 울려보는 체험도 가능하다.

주소 Moiwa Sancho Station, 1 Moiwayama, Minami Ward, Sapporo, Hokkaido 005-0041 영업기간 4월 1일~11월 20일 영업시간 10:30~22:00 이용요금 로프웨이 + 모리스 카(왕복) 어른 1,700엔 어린이 850엔

에필로그

홋카이도에 다녀오고 계절이 두 번 바뀌었다. 겨울에서 봄으로, 봄에서 여름으로. 시간은 빠르게 흘러갔다. 흰 눈이 쌓인 자리에 어느새 꽃이 피고 분홍빛의 선선한 봄이 되었다. 대학원 생활을 시작했다. 낯선 공간에서 새로운 친구들을 만나고 학교에서 수업을 들었다. 여행과는 상관없는 반복적인 삶이 흘러갔다.

꽃은 지고 무더운 여름이 되었다. 첫 학기가 끝났다. 학기가 끝나자 그제야 홋카이도 여행을 되돌아볼 여유가 생겼다. 지난겨울, 한 달 동안 홋카이도에서 보낸 시간이 꿈처럼 아득해졌다. 홋카이도 여행 중 써 두었던 글을 읽으며 '그래, 이런 적도 있었지' 하고 놀라기도 했다. 원고를 퇴고하며 홋카이도를 더욱 그리워하게 되었다.

홋카이도 전체를 둘러보지는 못했다. 삿포로와 오타루, 아사히카와, 비에이, 그리고 하코다테…. 기회가 된다면 홋카이도의 매력적인 다른 도시들도 방문해 보고 싶다. 한겨울, 춥고 눈이 쏟아지는 하얀 거리로만 기억된 장소가 여름에는 어떤 풍경일지도 궁금하다. 하코다테의 여름 축제도 꼭 보고 싶다. 하코다테를 여행하는 동안 우연히 발견한 포스터를 보고 하코다테 항 불꽃 축제는 버킷 리스트 중 하나가 되었다.

여행하는 동안 도움을 주신 세나북스의 최수진 대표님께 감사드린다. 또한 철부지 딸내미의 창작 활동을 지지해 주시는 넓은 아량의 부모님께 고마운 마음을 전한다. 여행에 선뜻 동행해 준 동생 수정이에게도 고맙다. 덕분에 디저트를 마음껏 먹었다. 함께 스키를 타고 온천에 다녀오는 등 적극적으로 참여해 주어 여행이 더욱 풍부해졌다.

남자친구 알렉스에게는 고맙다는 말이 부족할 정도다. 홋카이도의 여러 곳을 함께 여행해 주고 무모한 도전(?)도 지지해 주었다. 항상 든든하게 곁을 지켜주며 기운과 웃음을 잃지 않게 해주고 글쓰기에 응원과 격려를 아끼지 않았다. 알렉스가 있어서 책이 더 재미있어졌을 것이라 확신한다.

글을 끝까지 읽어준 독자분들께도 감사하다. 홋카이도 여행 이야기가 혹여나 기대에 미치지 못했을까 걱정이다. 부디 한 부분에서는 웃었거나 도움이 되었거나 마음에 들었기를 바란다. 여행을 사랑하는 분들께 이 책이 잘 전해졌기를 소원하며 글을 마친다.

2023년 여름

윤정

겨울 동화 같은 설국을 만나다

한 달의 홋카이도

초판 1쇄 발행   2023년 8월 21일

초판 2쇄 발행   2023년 8월 30일

지 은 이   윤정

펴 낸 이   최수진

펴 낸 곳   세나북스

출 판 등 록   2015년 2월 10일 제300-2015-10호

주   소   서울시 종로구 통일로 18길 9

홈 페 이 지   http://blog.naver.com/banny74

이 메 일   banny74@naver.com

전 화 번 호   02-737-6290

팩   스   02-6442-5438

I S B N   979-11-982523-5-7 03980

세나북스 ǀ 세상에 필요한 책을 만듭니다

500일의 영국

윤정 지음 ǀ 292쪽 ǀ 값 15,000원

워킹홀리데이로 떠난 영국에서 500일을 보냈다. 영국으로의 여행, 유학 혹은 워킹홀리데이를 앞두고 있거나 영국을 알고 싶다면 영국 문화에 대한 영감을 듬뿍 받을 수 있을 것이다. 영국을 다녀온 분들에게는 아름다운 섬나라 영국에서의 추억이 되살아나는 즐거운 시간이 될 것이다.

영국 일기

윤정 지음 ǀ 344쪽 ǀ 값 16,000원

여름의 한가운데에서 영국을 사랑한 시간의 기록. 일상의 빛나는 작은 조각들이 모여 우리의 인생이 이루어지듯 영국에서의 작고 소소한 일상은 인생의 한 부분을 환하게 밝혀주었다. 영국과 이탈리아 로마 여행기를 읽으며 유럽 여행의 설렘도 가득 느낄 수 있다. 흥미진진한 영국 이야기 속으로 함께 여행을 떠나보자.

한 달의 오키나와 - 일본에서 한 달 살기 시리즈 3

김민주 지음 ǀ 288쪽 ǀ 값 14,000원

인생 최고의 방학을 보낸 오키나와에서의 한 달은 잊지 못할 추억으로 가득하다. 각기 다른 매력을 가진 오키나와의 여러 바다를 마음껏 누리고 현지 친구들을 사귀고 맛있는 음식을 먹으며 좋은 음악을 듣는 치유의 시간! 오키나와의 청량한 바다 사진과 함께 오키나와가 주는 힐링과 신비로운 기운을 받을 수 있을 것이다.

한 달의 교토 - 일본에서 한 달 살기 시리즈 2

박현아 지음 ǀ 288쪽 ǀ 값 14,000원

관광과 일상과 일의 경계가 모호한 한 달 교토 살기는 진정한 디지털 노마드를 향유하는 프로 프리랜서 번역가에게만 허락된, 누구나 부러워할 사치이자 특권이었다. 교토가 서서히 봄을 맞이하는 한 달, 빛나는 추억 한 조각을 담아왔다. 일본에서 한 달 살기 시리즈 2편.

한 번쯤 일본 워킹홀리데이

고나현 외 지음 ǀ 244쪽 ǀ 값 15,000원

일하고 여행하며 꿈꾸던 일본 일상을 즐긴다! 평생 잊지 못할 경험과 추억의 일본 워킹홀리데이! 일본인 친구도 사귀고 여가에는 일본의 사계절과 문화를 마음껏 즐긴다. 이 책 한 권으로 일본에서 돈도 벌고 경력도 쌓고 일본 문화와 일상을 마음껏 즐기며 원하는 곳으로 여행도 하는 일본 워킹홀리데이의 세계를 경험해 보자.

책과 여행으로 만난 일본 문화 이야기 2

최수진 지음 ǀ 276쪽 ǀ 값 15,000원

일본인 작가가 쓴 책, 한국인이 일본에 관해 쓴 책, 일본 여행 이야기 등 일본 문화 전반에 대한 이야기를 읽으며 일본 문화를 경험하고 잠시 일본을 여행하는 기분을 느껴보자. 잘 몰랐던 일본 문화를 알게 되는 즐거움을 느낄 수 있고 새롭고 독특한 문화와 문화 현상을 접하면서 신선한 자극도 받을 수 있을 것이다.

세나북스

https://blog.naver.com/banny74
banny74@naver.com

"겨울 동화 같은 꿈의 공간이 현실이 되어 눈앞에 펼쳐진다"

삿포로, 오타루, 하코다테, 아사히카와, 비에이까지
아름다운 설국 홋카이도에서의 축제 같은 한 달!

삿포로에 가고 싶다고 줄곧 생각해 왔다. 14살부터였을 것이다. 중학교 미술 수행평가 시간에 세계의 축제 중 하나를 골라서 포스터를 만들어야 했다. 당시 조사했던 내용 중 가장 인상 깊었던 것이 삿포로의 눈축제였다. 일본어로는 '유키마츠리(雪祭り)'라고 부르는 미지의 세상에서 일어나는 겨울 축제가 어린 중학생의 마음을 사로잡았던 것이다.

- 프롤로그 중에서

값 15,000원
ISBN 979-11-982523-5-7 03980